わかる！
使える！

工業塗装入門

坪田 実 [著]
Tsubota Minoru

JN210054

日刊工業新聞社

【 はじめに 】

工業塗装の原点は、塗装から乾燥に至るすべての工程を管理された環境下で行うことです。対極にあるのが現場塗装です。工業塗装の代表的な分野は自動車塗装やPCMライン、製缶塗装ラインになると思います。高品質とコストパフォーマンスを追求するために、高速塗装で、高性能・高外観な仕上げを目指し、それらを達成しています。同時に、環境問題には特別な対応が必要です。塗料と塗装では有機溶剤の揮発を伴ったり、加熱乾燥や焼付け工程があるためです。これからのものづくりには、地球環境を再生させるために具体的で明解な対応策を持って望まなければなりません。

私たちの生活には、IoT（Internet of Things）と呼ばれるインターネット経由でセンサーと通信機能を持つ技術と、人工知能AIが導入されつつあります。IoT/AI技術の導入により工業生産は今後ますます進化して行くと考えられます。はたして、100年後におけるものづくりはどのような状態になっているでしょうか。

このように考えていると、本書に対する執筆方針を打ち出すことができません。いっそのこと人類誕生の頃はどうだったのかと思い巡らせました。

塗料・塗装の歴史を紐解くと、「**人類は塗装が好きだった**」ことがわかります。

元来、人間は「表現したい」という欲求を持っている生物です。色については、特に赤い色は神聖視され特別な思いがあったと思われます。BC15万〜6万年にかけての旧人類ネアンデルタール人は赤土（酸化第二鉄）で身体彩画をしていました。有名なアルタミラ、ラスコで発見された壁画からもわかるように、色彩を付与する鉱物（顔料）や植物（染料）を発見し、これらを粉砕してバインダー中に入れたらうまく塗れることまで経験から知っていたようです。バインダーとして動物の血や、膠（にかわ）、ピッチやタール、漆などが使用されていました。古代人に、どうやってバインダーを見つけたのかを聞いてみたいものです。恐らく、「そこにあった液体をいくつか使ってみて、その中で、これがvery goodだった」とか、「これにはかぶれて困ったよ」、「煮たらこんなに粘くなって塗りやすくなった」とか、さぞや日常会

話が弾んだのであろうと、想像するだけでも楽しくなります。

　そうです。人間は楽しく仕事をしないと生きて行けない動物です。とてつもなく発展しそうな未来に対して、現在の私たちが残せるものは何かと考え、本書を執筆させて頂きます。本書で取り上げた構成と内容を簡潔に記します。

第1章　「塗装」基礎のきそ

　工業塗装のルーツを概観し、塗料という材料と塗り方をまとめました。

第2章　塗装の作業前準備と段取り

　塗装の段取りに役立つ被塗物の知識と塗装系の経験則をまとめました。

第3章　作業者目線での塗装作業

　一連の塗装作業を紹介したいと思い、車の補修塗装を取り上げました。

第4章　良い塗装をするために

　良い仕上がりを得るために、作業者が学習する見方をまとめました。

　最後に本書発行の機会をいただいた日刊工業新聞社の奥村功出版局長、および編集作業で適切なアドバイスをいただいたエム編集事務所の飯嶋光雄様はじめ、スタッフの皆様に感謝いたします。また、第3章では、JA損害調査(株)業務課の皆様に多大なご協力をいただきました。この場を借りてお礼申しあげます。

　　令和元年5月　　　　　　　　　　　　　　　　　　　　　坪田　実

目　次

はじめに

【第1章】
「塗装」基礎のきそ

【第**2**章】
塗装の作業前準備と段取り

1 塗装に必要な被塗物の基礎知識

2 塗装作業者のための実務７ヶ条

3 塗装系の経験則

【 第 **1** 章 】

「塗装」基礎のきそ

塗装の目的

❶塗料と塗装の関係

　塗装の目的を整理すると、**図1-1-1**のように表すことができます。すぐ傍にあるスマートホンに始まり、電車や大型構造物などは塗装で安心感と快適感を与えてくれます。塗装することで被塗物を保護するだけでなく、私たちに生活を豊かにしてくれます。色彩効果も大きく、塗料・塗装分野の主導で、色彩調和の取れた街づくりが進められています。塗料は塗装によりその価値が生かされるように、両者は不可欠の関係です。

❷工業塗装の分野

　工業塗装の分野は広範囲にわたり、付加価値の高い技術集約型の塗料が求められています。高機能性塗料やファインケミカル製品と呼ばれているゆえんです。塗料の機能を分類すると熱的機能、電気・磁気的機能、光学的機能、化学的機能、表面的機能、生態的機能、その他機能に分けられます。その概要は次のとおりです。

①熱的機能：高温に強い耐熱塗料、燃えにくい難燃性塗料、火災時に膨張断熱効果をもつ耐火塗料、熱により色変化する示温塗料、太陽熱を反射する遮熱塗料など。

②電気・磁気的機能：電気を通す導電性塗料、電磁波のノイズを防ぐ電磁シールド塗料、記録媒体として用いられる磁性塗料など。

③光学的機能：蛍光塗料、見る角度によって色が異なる塗料、光の反射防止膜用塗料、光によって回路パターンを作成するフォトレジスト（塗料）など。

④化学的機能：化学物質を吸着し脱臭・消臭効果を持つ塗料、光触媒効果により防汚、抗菌、脱臭作用をもつ塗料など。

⑤表面的機能：水や油をはじく撥水・撥油塗料、氷の付着を防ぐ着氷防止塗料、結露防止塗料、素材から膜をはがすことができるストリッパブル塗料、そして雨水によって油汚れを洗い落とす自己洗浄性の塗料など。

⑥生態的機能：海中で貝や藻類の付着を防止する海中防汚塗料、抗菌塗料、防虫塗料など。

⑦その他の機能：発泡、透湿、止水、防音、制振などの機能性塗料。

図 1-1-1 塗装の目的

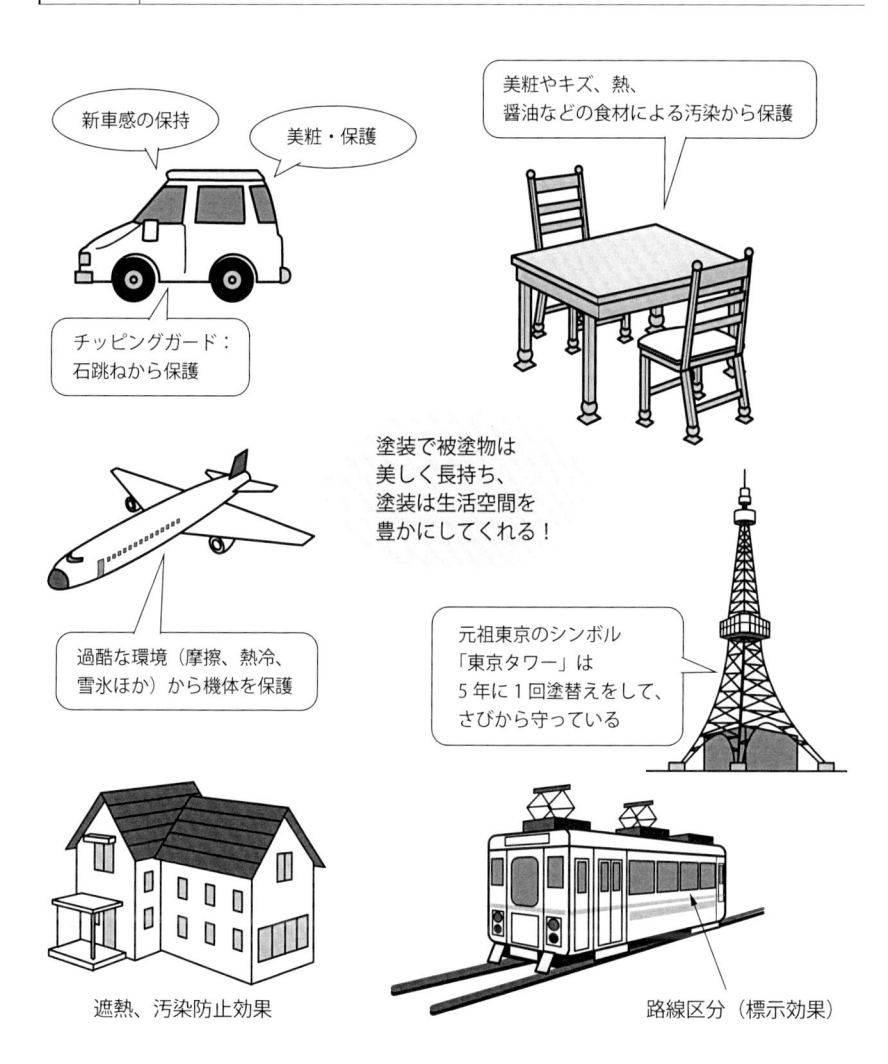

遮熱、汚染防止効果　　　　　　路線区分（標示効果）

要点 ノート

塗装の目的と使命は被塗物を保護することと、私たちに快適な環境を与えてくれることである。塗料は塗装によりその価値が生かされるように、両者は共同体である。

塗装技術とは

　塗装とは、塗料を用いて被塗物面に塗膜または塗膜層を形成する技法です。塗料を単に塗り広げるだけの操作は塗装とは言いません。技能とは、塗装を遂行する能力であり、素地調整作業に始まり、塗りつけ、乾燥、研磨作業などの基本的操作を一度ないし数回繰り返して塗装目的を達成することです。

❶多層系塗膜

　一般に、塗装された製品は多層系塗膜で構成されており、下塗り、中塗り、上塗り膜からなります。各層の目的や塗膜構成成分については、次節で説明します。ここでは、新車がどのような塗装工程を経て製品になっているかを見ていただきたいと思います。塗装仕上げの状態を表現する時に、(a) ソリッドカラー、(b) メタリックカラー、(c) パールカラーと呼びます。**図1-1-2**では、3種の違いがどこにあるのかを見ることができます。

図 1-1-2　新車の塗膜構成

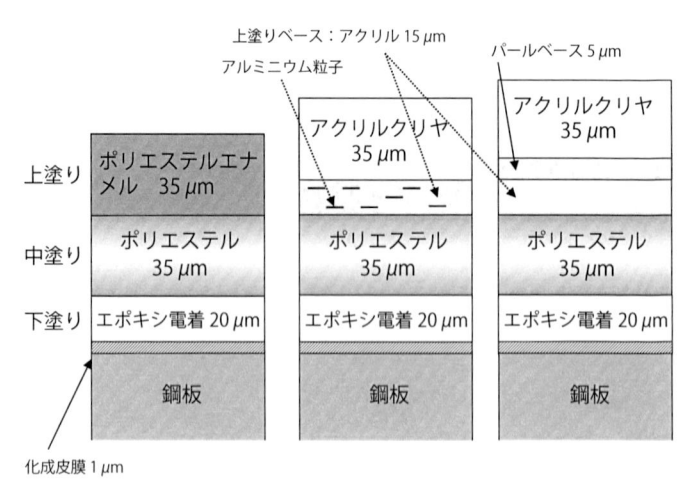

(a) ソリッドカラー　(b) メタリックカラー　(c) パールカラー

❷塗膜層が有する機能

　トラックではソリッドカラーがほとんどですが、乗用車は光輝性顔料を使用したメタリック（アルミニウム粉）やパール（雲母粉）カラー、並びに両者を混合したカラーがほとんどです。さらにひと味違う意匠性を出そうと材料メーカーは奮闘しています。図1-1-2からわかることは、中塗りまでは同じ塗膜構成であること、上塗りが変わっても合計膜厚が約100 μm であることです。新聞紙の厚みが約50 μm ですから、新聞紙2枚分で防さび性から耐候性、新車感を約10年間も保持することは尊敬に値します。まさに、ファインケミカルのノウハウがこの膜厚に凝縮されています。図1-1-2の示す塗膜層が有する機能は図1-1-3のようにまとめることができます。

図 1-1-3　新車の塗膜層の機能分担

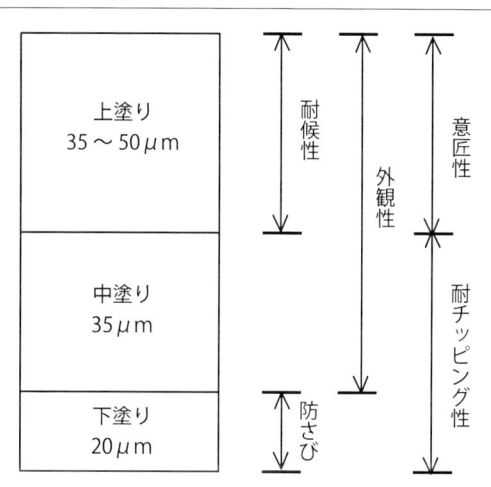

要点 ノート

多層からなる塗膜層の働きを十分に生かすことが塗装技術の目的。性能面、コスト面を加味した塗装設計がなされ、環境に優しい塗装を遂行している。

工業塗装のルーツ

　工業塗装の原点は、塗装から乾燥に至るすべての工程を管理された環境下で行うことです。対極にあるのが現場塗装です。工業塗装のルーツを著者が身近に感じるスプレーガンの誕生話と東京タワーから説明したいと思います。

❶スプレーガンの誕生

　アネスト岩田株式会社の80年史（2015年11月発行）によると、1926年に米国からスプレーガンと硝化綿ラッカー・シンナー類が日本に持ち込まれたと記されています。車が多くない昭和初期に、日本には車の補修塗装が必要になるだろうと予想していたとは、先見の明がある方なのだと著者は感心します。

　紹介者は塗料は国内で手配できるが、スプレーガンを輸入するとなると相当に高価ゆえ、国内で生産をしようと考え、当時、兄弟2人で機械加工業をやっていた岩田製作所に、輸入ガンを持ち込みました。塗料を吸い上げる機構も知らず、コンプレッサもない中で、試行錯誤をしながら作り上げたようです。国産第1号のスプレーガンを**図1-1-4**に示します。ガンの成功と同時に、コンプレッサの国産化、エアトランスホーマーの製造など、ラッカー塗装に必要なさまざまな機器類をラインナップに加えて行き、1930年に塗装機器の専門工場と店舗が恵比寿にできました。これが現代のアネスト岩田株式会社の原点です。1950年代には焼付け塗料も実用化され、車産業とともに、塗装技術が驚異的に向上し、工業塗装の土台が育っていきました。

❷東京タワーの塗装作業

　当時の大型構造物は現場施工が中心ゆえ、塗装は組立ながらの同時進行で行われていました。しかし、東京タワーの建設には1964年に東京オリンピック開催を控え、技術の極意が注ぎ込まれました。その様子は**図1-1-5**に示す塗装仕様から伺い知ることできます。図に示すタワーの部位H1-H14とH14-H27では素材が異なります。前者は鉄鋼で、後者は亜鉛めっき鋼です。低い部位の鉄鋼素材は工場でサンドブラスト後に鉛丹系さび止めが塗られ、乾燥後に搬入されます。現場では組立後に下地調整を行い、同じく鉛丹系さび止めペイントを塗ってからフタル酸樹脂系と表示されている合成樹脂調合ペイントが2回塗りされます。H14以上の上部側は溶融亜鉛めっきができる大きさの部材ゆえ、亜

鉛めっきされた状態で現場に保管されます。現場での塗り回数は下部位、上部位とも同じです。完成後、5年に1回の割合で、下塗りのさび止めプライマーから、中、上塗りまでが塗り替えられています。

　このように綿密に防さび対策を行った塗装設計は工業塗装の原点だと思います。東京タワーから30年後に建設された瀬戸大橋は、重防食塗装仕様で施工されました。もちろん、部材のすべてが工場塗装です。重防食塗装仕様は素材からさびを出さないように塗装設計を行い、塗替えを軽微にする考えです。

図 1-1-4　国産第1号のスプレーガン

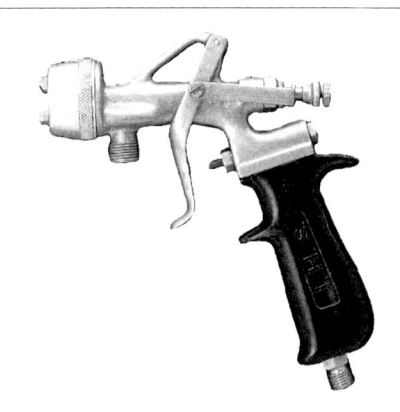

図 1-1-5　東京タワーの部位とそれらの塗装仕様

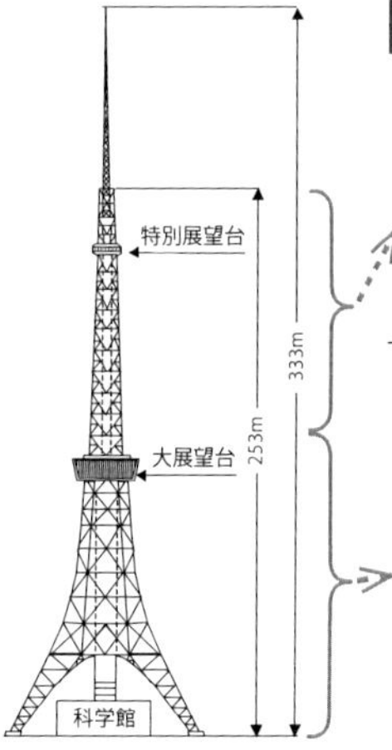

部位	素地	区分		工程	塗料その他	塗付量(kg/m²)	乾燥膜厚(μm)	放置時間(h)
H27〜H14	亜鉛めっき鋼	現場塗装	1	素地調整	汚れ・付着物の除去　発さび部は下塗り塗料で補修塗り			
			2	下塗り	ジンククロメート系さび止めペイント	0.16	25	10
			3	中塗り	フタル酸樹脂系塗料	0.14	20	16
			4	上塗り	フタル酸樹脂系塗料	0.13	20	16
H14〜H1	鉄鋼	工場塗装	1	素地調整	サンドブラストで除さび後、ショッププライマー塗り			
			2	下塗り1回目	鉛丹系さび止めペイント	0.20	25	12
		現場塗装	3	下地調整	汚れ・付着物の除去　発さび部は下塗り塗料で補修塗り			
			4	下塗り2回目	鉛丹系さび止めペイント	0.20	25	12
			5	中塗り	フタル酸樹脂系塗料	0.14	20	16
			6	上塗り	フタル酸樹脂系塗料	0.13	20	16

東京タワーは 1958（昭和33）年の年末に完成

333m／253m／特別展望台／大展望台／科学館

塗料の構成と原料

❶液体塗料と粉体塗料

塗料は図1-2-1に示すように樹脂、硬化剤、顔料、添加剤、溶剤の混合物です。この中で溶剤は塗装時に蒸発して放散し、塗膜成分にはなりません。色を着ける目的の着色顔料を含むものを「エナメル塗料」、顔料を含まないものを「クリヤ（透明）塗料」と呼びます。実用塗料の約90％はエナメルです。また、樹脂、硬化剤、溶剤は系の媒体という意味で「ビヒクル（展色料）」と呼びます。ビヒクルと表現する場合には溶剤（揮発分）を含み、ビヒクルソリッドというと、連続被膜を形成する固形分（不揮発分）になります。また、バインダー（Binder）とはビヒクルソリッドと同義語で、主成分は塗料用樹脂です。塗料の大まかな組成を図1-2-2に示します。

❷樹脂と硬化剤の選択

樹脂と硬化剤の選択は塗料の性能を左右するもっとも大きな要因です。樹脂は用途に応じてさまざまな種類が選択されます。たとえば、金属の下塗り用には付着性の良いエポキシ樹脂が、太陽光の照射に強く透明感のある上塗りにはアクリル樹脂が用いられます。また、塩化ゴム塗料のように溶剤に樹脂を溶解して、溶剤の蒸発のみによって塗膜になる塗料や、アルキド樹脂塗料のように空気中の酸素で硬化する塗料、アルキド・メラミン樹脂塗料のようにブレンド樹脂が焼付けにより硬化する塗料など、乾燥・硬化もさまざまです。

顔料には色を着ける目的の着色顔料、さびの発生を抑制するさび止め顔料、充填剤として用いる体質顔料などがあります。顔料の選択は色味や色の耐久性のほか、塗膜の硬さや伸びといった性能に大きく影響するため大変重要です。

溶剤は塗料が均一で滑らかな塗膜になるよう流動性を良くし、泡の消去を助け、乾燥速度を調整する働きをします。溶剤は樹脂や硬化剤を溶解して均一な溶液にするとともに顔料表面をぬらし、顔料の分散を助ける働きもあります。

添加剤は塗料に少量加えられることによって、塗料の表面張力や粘度を変えたり、いろいろな特定の機能を発揮するように加えられる材料です。顔料分散剤、表面調整剤、たれ防止剤、消泡剤、はじき防止剤、紫外線吸収剤などさまざまな添加剤が選択されて用いられています。大気中にVOCを出さないこと

が地球環境を守ることに繋がるため、有機溶剤を削減した粉体、水性、ハイソリッド、無溶剤型塗料への転換が進められています。

図 1-2-1 塗料の原料成分

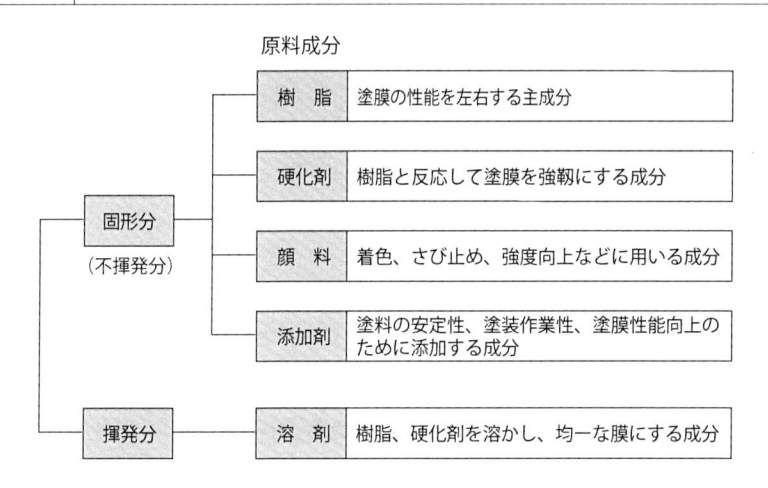

図 1-2-2 塗料用語の紹介とクリヤ、エナメルの構成

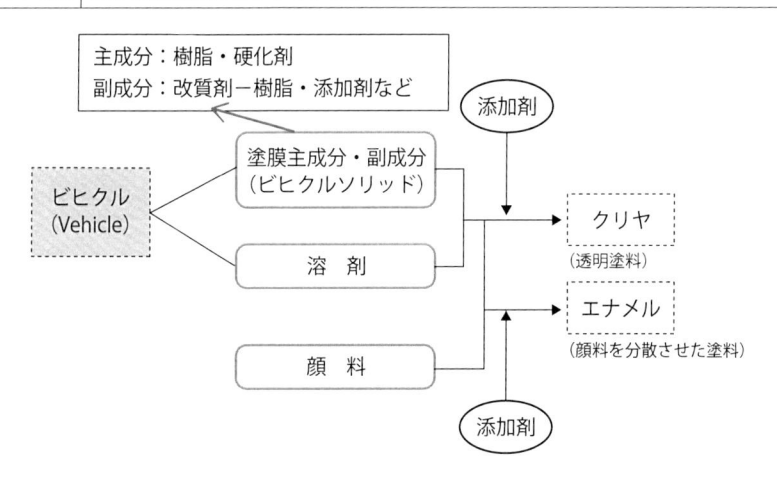

要点 ノート

塗料の中身は樹脂、硬化剤、顔料、添加剤、溶剤からなる多成分であり、着色顔料を含む塗料を「エナメル」、顔料を含まない塗料を「クリヤ」と呼ぶ。

塗料を何層も塗る理由

❶塗装の基本工程

　塗装の基本工程を**図1-2-3**に示します。どんな被塗物であっても、塗り重ねられ、**図1-2-4**に示すように、下塗り、中塗り、上塗りの3層からなる多層塗膜で被覆されます。多層塗膜の膜厚はせいぜい約0.1 mm（100 μm、新聞紙約2枚）で、厚膜といっても、ジンクリッチペイントを使用した重防食塗装系が約3倍（C-5塗装仕様では250 μm）になる程度です。

　ここでは、なぜ何層も塗るのかという素朴な疑問について考えてみたいと思います。前節で示した塗装の目的を各単層塗膜で達成することが難しいから、チームワークでやろうという発想です。伝統的な教えで、漆塗りは33工程の作業を行いますが、下地ができた段階で、下塗り、中塗り、上塗りの3層を塗ります。ウーンと集約して3層にしたのではなくて、この3層は人類の知恵の産物です。それでは、塗膜チームを形成する各層の役割について考えてみましょう。ケースバイケースでいろいろな機能を追加したりしますが、塗装分野の常識的な役割は、図1-2-4に示されるものです。

❷塗装系とは

　複層塗膜からなる塗料の組み合わせを「塗装系」と呼びます。塗装系で必要なことは、被塗物素地にしっかり付着すること、各塗膜層間の付着性が良好であること、要求される力学的強度試験や化学薬品の浸せき試験に合格すること、さらには、上塗り塗膜の外観が要求水準（自然あるいは促進暴露試験条件）を満たすことなど、僅か100 μmの塗膜層に課せられる任務にはきびしいも

図 1-2-3 ┃ 塗装の基本工程

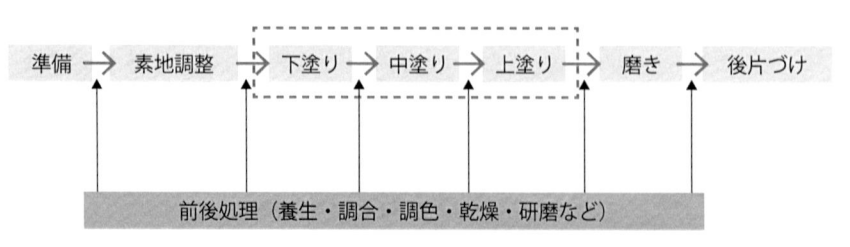

のがあります。しかしながら、我が国の塗料技術者はいろいろな苦難に打ち勝って、今日の技術を確立しています。

　塗装系の名前には上塗り塗料の名前がつけられます。たとえば、JASS 18では、"鉄面の常乾形ふっ素樹脂エナメル塗りの工程"のように表記されます。この場合、下塗りには2液形エポキシ樹脂プライマーが使用されます。なお、JASS 18とは、日本建築学会が定めた塗装工事の標準仕様書です。

図 1-2-4　一般的な塗膜構成と各層の主な役割

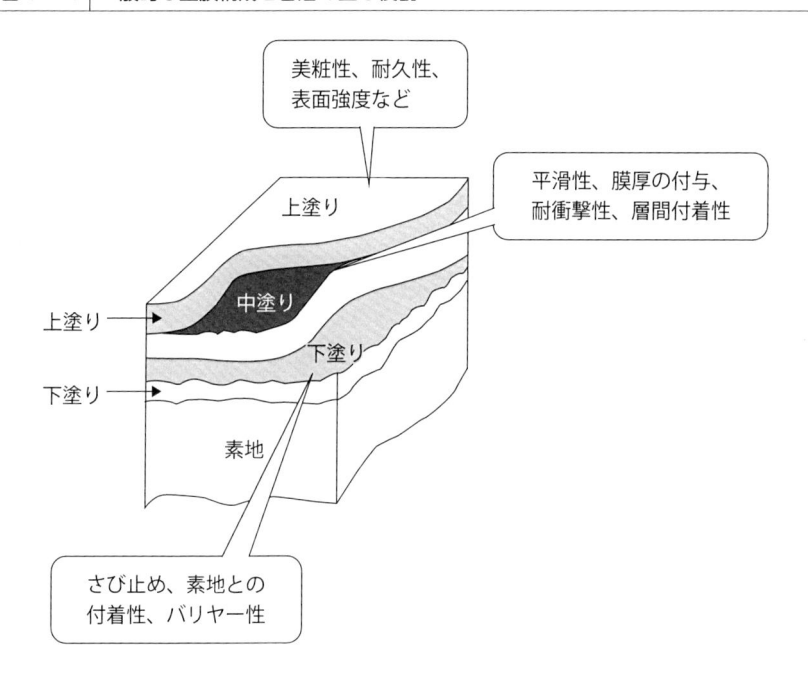

要点　ノート

塗装の基本工程に従って塗料は塗り重ねられ、一般に3層塗膜からなる。この3層は、下塗り、中塗り、上塗りであり、それぞれが与えられた役割を果たし、塗装系というチームで塗装の目的を遂行している。

各層の塗料とその原料

　役割分担の異なる下塗り、中塗り、上塗り塗料はその特徴を発揮するため、**表1-2-1**に示すように、原料の種類や配合割合が異なっています。

質問1 下塗り塗料はどのように呼ばれているか

答1 一般に下塗り塗料は「シーラー（sealer）」、「プライマー（primer）」と呼ばれており、被塗物が異なると、呼び方も異なります。木材ではウッドシーラーで、鉄面にはさび止めプライマーが使用されます。シーラーとは下地からの成分が上に溶出しないように止める、シールするという意味です。コンクリート用の下塗り塗料もシーラーと呼ばれており、素地からのアルカリ溶出をシールするために使用されます。

　一方、プライマーとはPriming coat、前もって塗る塗料を語源としています。鉄面をさびから守るためには、**図1-2-5**に示すように主として鉄表面をアルカリ性に保ち、不働態化させることと、イオン化傾向の大きな亜鉛粒子を鉄面に付着させ、鉄のイオン化溶出を防ぎます。シーラーとプライマーの原料組成の違いを表1-2-1で学習してください。なお、表中の数値は著者の判断で決めた目安です。

質問2 中塗り塗料はどのように呼ばれているか

答2 木材では透明仕上げをする中塗りを「サンディングシーラー」と呼びます。木理に沿って凹部があり、これを充てんするように塗付すると、凹凸面になり、研磨で平滑面を作り出すので、この名前があります。

　エナメル仕上げ用中塗り塗料は「サーフェーサー」と呼ばれます。研磨することで平滑面になります。さび止めと平滑化の両方を兼備するプライマーサーフェーサー（短く、プラサフとも呼ぶ）なる塗料があります。1層分で2層分の働きをさせます。サーフェーサーとパテは研磨しやすい塗膜になっていますから、充てん材（体質顔料）にはタルクが多く配合されます。配合から見ると、両者はほぼ同じ組成です。サーフェーサーはパテを吹付け塗りできるようにした塗料だと思ってください。

表 1-2-1 工程別塗料の名称と塗膜の原料組成

	塗料の名称	樹脂分[1]	着色顔料	体質顔料	防さび顔料	アルミ粉[2]	パール粉	添加剤[3]
下塗り	シーラー	100						
	パテ	30		70				
	さび止めプライマー	49	30	11	10			
	電着プライマー	71	20					9
中塗り	サンディングシーラー[4]	88		12				
	サーフェーサー	33	8	59				
上塗り	上塗り（Solid color）	54＜	46＞					
	Metallic ベース	85				15		
	Pearl（3 coat pearl）ベース	93					7	
	Clear	95						5

1) 樹脂分は主剤と硬化剤を含む
2) Metallic 粉と着色顔料の合計が約 15%
　　たとえば、淡いブルーメタでは、アルミニウム粉 13、青顔料 2 で、濃色ブルーメタでは、青顔料 6 にすることがある
3) 添加剤は微量なため樹脂分に含めることもある。電着プライマーに含まれる中和剤も添加剤の 1 種である。上塗りのクリヤに含まれるつや消し剤も添加剤に分類する
4) ステアリン酸亜鉛の場合

図 1-2-5 プライマーのさび止め機構

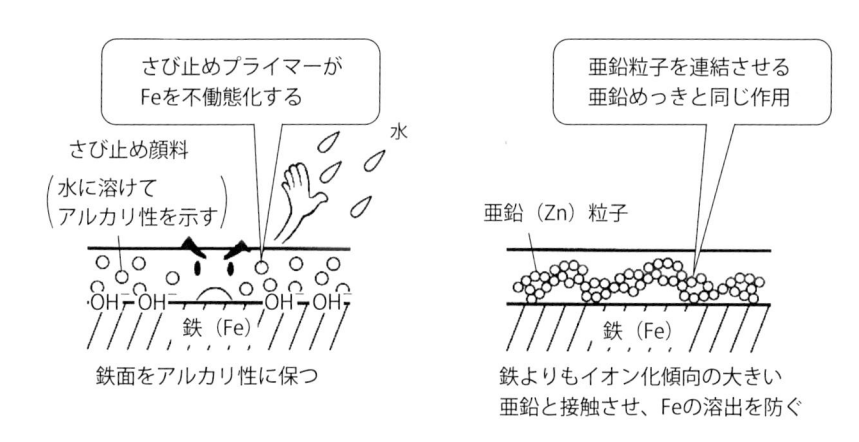

さび止めプライマーが
Fe を不働態化する

亜鉛粒子を連結させる
亜鉛めっきと同じ作用

さび止め顔料
（水に溶けて
アルカリ性を示す）

水

亜鉛（Zn）粒子

OH⁻ OH⁻ OH⁻ OH⁻

鉄（Fe）

鉄（Fe）

鉄面をアルカリ性に保つ

鉄よりもイオン化傾向の大きい
亜鉛と接触させ、Fe の溶出を防ぐ

要点 ノート

下塗り塗料には、プライマーとシーラーと呼ばれる塗料があり、中塗り塗料にはサンディングシーラーとサーフェーサーと呼ばれる塗料がある。上塗りのうち、光輝性顔料（アルミニウム粉やパール粉）を含むものはベースコートとクリヤのセットからなる。

塗料の必要条件

　塗料は流動、固化するように設計されており、"塗れて、くっつき、固まる"ことだと要約できます。十分条件とは、塗膜物性の合格ラインや耐久性、耐候性（物性維持可能年数）を意味し、塗料ごとに異なります。ここでは、塗料であるために必要な3つの条件について解説します。

❶塗れること－流動すること

　被塗物に塗付され、レベリング流動を経て良い外観が得られます。粉体塗料は粒子の溶融過程でレベリング流動がうまくいきません。ゆず肌はレベリング不足で、たれはレベリングを超えた流動現象です。したがって、「たれる寸前」の塗り肌が良い仕上がり面であると言えます。さらに、塗料は流動状態で空気と接触するので、表面張力も仕上がり面に影響します。

❷くっつくこと

　塗料の必要条件は**図1-2-6**に示すイラストで表現できます。冷凍室で-30℃位にした氷に指先を押し当てると、両者がくっつくことを表しています。油っぽい指先も一瞬くっつきますが、すぐにはがれてしまいます。

❸固まること

　たくさんの塗料がありますが、「塗膜になったらチョコとクッキーの2種類のみ」であると理解してください。まず、両者の違いを見ていきましょう。

　チョコとクッキーは年齢層を問わず好まれるお菓子ですが、両者の違いは加熱した時に明らかです。加熱すると、チョコはドロドロの流動状態になりますが、クッキーは流動せず、高温にしたら焦げつくだけです。塗膜も加熱すると、チョコとクッキータイプに大別されます。はじめは同じ液体あるいは固体であった塗料がどうしてチョコとクッキータイプの塗膜になったのでしょうか？

　図1-2-7は、チョコタイプの典型塗料です。速乾性で、容易に溶剤で除去できることが特徴です。一方、クッキータイプの塗膜になる塗料は2液型塗料か焼付け型塗料で、図（b）に示すように、塗装後に塗膜主成分の樹脂同士か、主成分樹脂と硬化剤が化学反応し、塗膜になる樹脂の分子量が増大します。さらに、図（c）に示す分散型塗料では、粒子同士の融着により連続した塗膜（チョコとクッキータイプの両方）を形成することができます。

図 1-2-6 塗料の必要条件を表すイラスト

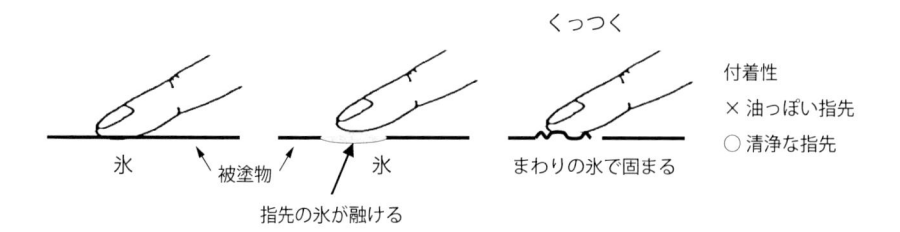

図 1-2-7 塗料の固化様式 (塗料から塗膜への変化)

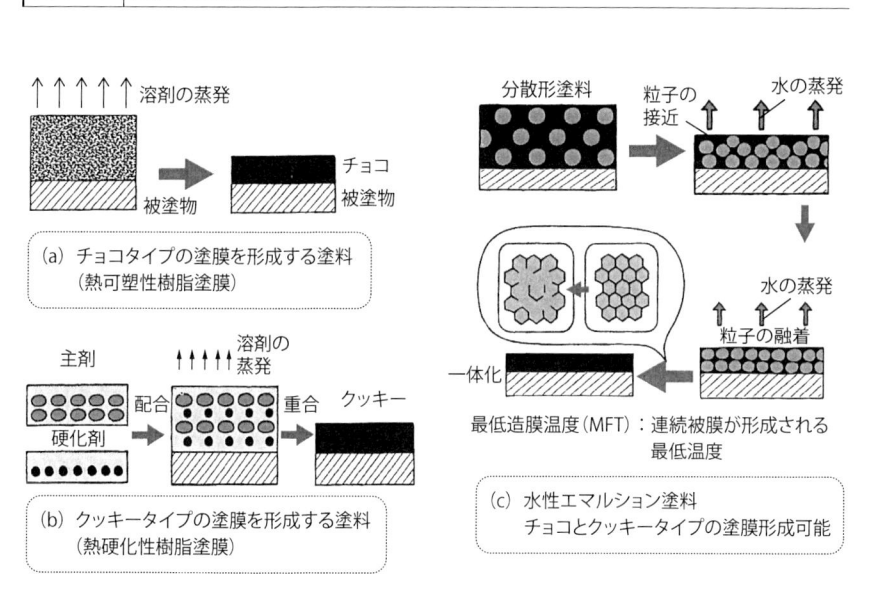

要点 ノート

塗料はどんな被塗物であっても、"塗れて、濡れて、くっつき、固まる"ように設計されている。塗料の必要条件を満たすように塗料技術が進歩してきた。

塗料の分類-その１：形態

　塗料は**図1-2-8**に示すように、ビヒクルの主成分である樹脂（ポリマー）の形態から液体と粉末状の粉体塗料に大別できます。液体塗料が大半を占め、これらはポリマーが溶媒中に溶けている「溶液型塗料」と、ポリマーが粒子として分散している「分散型塗料」に分類できます。以下におのおのの特徴を解説します。

❶溶液型塗料-図中（a）、（b）、（c）タイプ

　（a）タイプは樹脂、硬化剤を有機溶剤に溶解し、希釈剤にも有機溶剤を使用するもっとも一般的な塗料です。乾燥性、塗装作業性に優れ、均質な塗膜が得られます。（b）タイプは溶剤・希釈剤を用いず、100％固形分になる液体塗料です。たとえば、スチレンで希釈した不飽和ポリエステル樹脂塗料、アクリルモノマーとオリゴマーを混合した紫外線硬化塗料などがあげられます。（c）タイプは溶剤・希釈剤を水に置き換えた水溶性塗料です。元来、水に溶けない樹脂を水に溶解させるには、水中で樹脂をイオン化させる必要があります。たとえば、樹脂の末端に親水性官能基である-COOHを付加し、塩基性化合物で中和すれば、アニオンになります。水に溶解する水溶性樹脂を用いた塗料は塗膜性能が劣るため、水性官能基を橋かけ反応で疎水性に転換させています。塗料の用途は主として、焼付け塗料に限定されますが、後述する水性エマルション塗料との併用により、需要が拡大しています。

❷分散型塗料-図中（d）、（e）タイプ

　エマルション重合でポリマーとなる（d）のエマルション塗料と、脂肪族炭化水素系溶剤中にポリマー粒子が分散している（e）のNAD塗料に大別できます。エマルション塗料には、水中油滴（O/W）型と油中水滴（W/O）型がありますが、ほとんどの塗料は水中にポリマー粒子を分散させた（O/W）型です。（W/O）型の代表塗料は漆です。NAD塗料は大気汚染を防ぐ見地から、芳香族炭化水素系溶剤の排出を抑えるために開発されました。（e）に示すように、ポリマー粒子の外側にあるヒゲの部分のみが溶媒である脂肪族炭化水素に溶解して、分散粒子を安定に保っています。建築用で弱溶剤型塗料と書かれた缶がNAD塗料です。

❸粉体塗料 - 図中（f）タイプ

　粉体塗料は樹脂成分と顔料を溶融混練し、数10 μm程度の粒径になるよう微粉砕した粉状の塗料です。硬化剤に用いるブロック剤（硬化剤を安定化する物質）や低分子成分が焼付け時に揮発するといったことを除くと、基本的にVOCゼロの塗料です。工業塗装分野において、VOC削減の観点から、近年、急ピッチで使用範囲が拡大しており、開発や改良が盛んに行われています。

図 1-2-8　塗料中のビヒクルポリマーの形態から見た分類

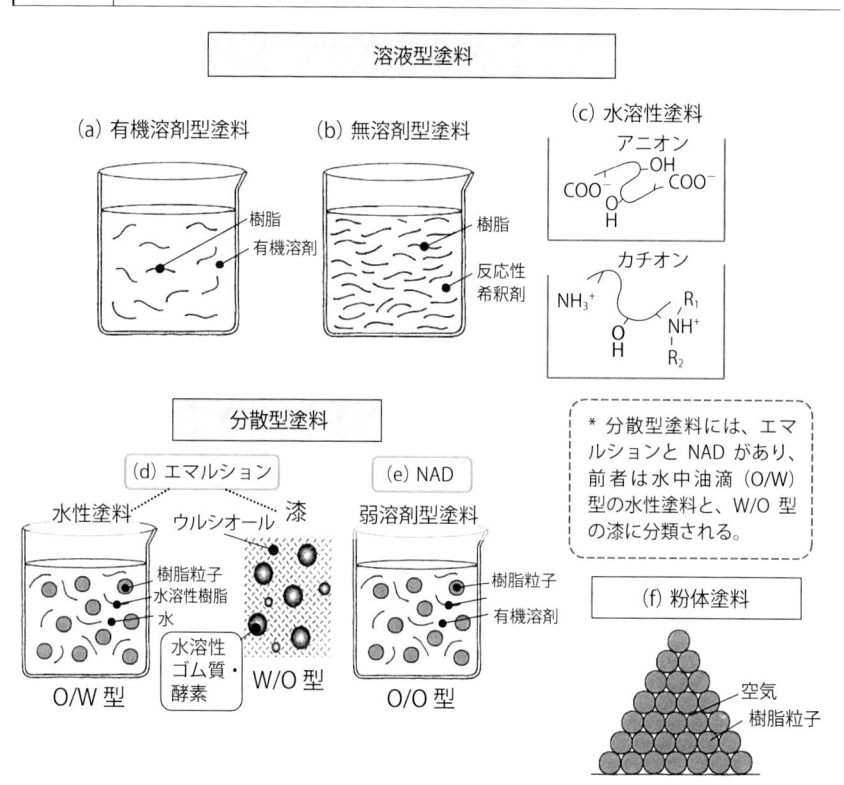

要点 ノート

塗料には液体塗料と粉体塗料があり、液体塗料はさらに溶液型塗料、分散型塗料に大別でき、それぞれについて希釈剤を有機溶剤、または水系にすることができる。

塗料の分類−その２：塗料用樹脂

❶塗料用樹脂の特徴

塗料用樹脂の特徴は、樹脂の骨格をなす化学結合に依存します。たとえば、図1-2-9に示すように、油変性アルキド樹脂塗膜は主鎖がエステル結合からなるため、アルカリ性水溶液に浸せきすると、加水分解され、塗膜が溶出してしまいますが、エポキシ樹脂塗膜はエーテル結合とベンゼン環からなるため、耐薬品性にはめっぽう強いことが証明されています。同様に、シロキサン結合（Si-O）を多く含むシリコーン樹脂塗料も耐アルカリ性が弱いという欠点があります。このような化学結合由来の問題は原子間の電気陰性度の差異と関係します。２原子間SiとOの電気陰性度の差が大きいと結合間で電子分布に偏りを生じ、Siが＋に、Oが−に分極します。そこへOH^-やH^+がアタックするという構図になります（図1-2-10参照）。

また、図1-2-9に示すように、エポキシ樹脂塗膜は太陽光の照射で分解してしまいます。光劣化した塗装面を指で触ると、塗膜はチョークの粉のようになっていました。チョーキング現象という樹脂の分解です。このように、エポキシ樹脂塗料は下塗り塗膜に採用すると付着性が良く、さび止め効果は抜群ですが、上塗りには使用できないことがわかります。ベンゼン環を多く含む樹脂は電荷の偏りは小さい（耐薬品性良）が、太陽光、O_2とπ電子の作用で樹脂を劣化させるR-O-O・ラジカルを生成し、分解反応が進行します。

❷高い光沢を維持する

いつまでも高光沢の塗装面を維持したい場合には、ふっ素樹脂やシリコーン樹脂を含有する上塗り塗料を採用すれば良いことになります。ふっ素樹脂やシリコーン樹脂には、それぞれC-F、Si-O結合が含有されており、それらは塗膜表面層に偏析します。C-F、Si-O結合以外はC-C結合です。これらの結合エネルギーはC-F＞Si-O＞C-Cの順になっています。この結合エネルギーの差異には大きな意味があります。すなわち、C-C結合の結合エネルギーは353（kJ/mol）で、太陽光線に僅かに含まれる紫外線（UV）で劣化しますが、Si-O、C-F結合の結合エネルギーは440（kJ/mol）以上であり、UV照射下で劣化しません。ポリマー中のC-C結合がほんの僅かに切断されると、そこに

ラジカルが発生し、大気中の活性基や水蒸気、酸素分子などが表面層を破壊していきます。

　シロキサン結合（Si-O結合）を主体とする無機ポリマーは紫外線（UV）で劣化しませんが、ガラスのように硬くて脆いという欠点があります。この欠点を補うために、たわみ性のあるアクリル樹脂と化学結合させた塗料が上市されています。無機−有機ハイブリッド樹脂塗料やアクリル・シリコーン樹脂塗料と呼ばれています。

図1-2-9 塗膜の耐アルカリ性試験と耐光性試験結果の例

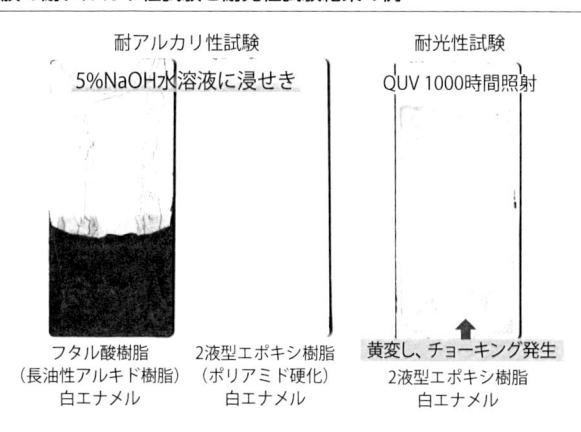

耐アルカリ性試験
5%NaOH水溶液に浸せき

耐光性試験
QUV 1000時間照射

黄変し、チョーキング発生

フタル酸樹脂
（長油性アルキド樹脂）
白エナメル

2液型エポキシ樹脂
（ポリアミド硬化）
白エナメル

2液型エポキシ樹脂
白エナメル

図1-2-10 塗膜を構成する化学結合の見方

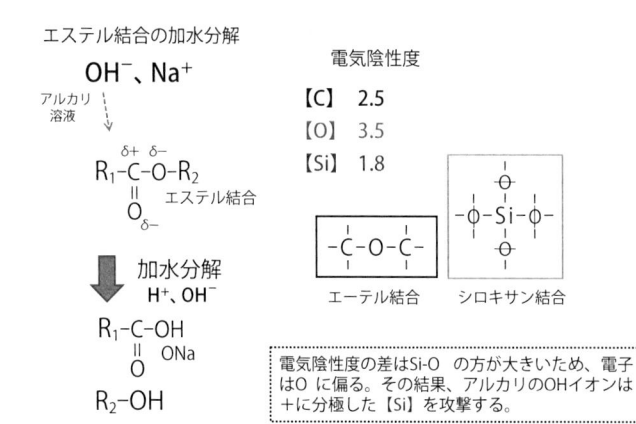

エステル結合の加水分解

OH^-、Na^+

アルカリ溶液

$R_1-C-O-R_2$ エステル結合
　δ+　δ−
　　‖
　　O δ−

加水分解
H^+、OH^-

R_1-C-OH
　‖
　O　ONa

R_2-OH

電気陰性度
【C】 2.5
【O】 3.5
【Si】 1.8

$-C-O-C-$ エーテル結合

$-O-Si-O-$ シロキサン結合

電気陰性度の差はSi-Oの方が大きいため、電子はOに偏る。その結果、アルカリのOHイオンは+に分極した【Si】を攻撃する。

要点 ノート

塗料用樹脂の化学結合や原子間の結合エネルギーに注目すると、暴露環境下の塗膜の特徴を予想できる。下塗りや上塗り適性の判断にも効果的である。

環境対応と生産量の推移

❶VOC削減への取組み

　我が国の塗料生産量は**図1-2-11**に示すように、戦後から順調に成長し、1990年には220万トンに達し、国内最高を記録しました。その後、200万トン付近を推移していましたが、リーマンショックの影響で2009年には150万トンを割り込みました。しかし、日本の塗料メーカーの海外での塗料生産量の増加には目を見張るものがあり、2013年には224万トンに達し、2016年には487万トンに達しました。これは国内生産量の3倍に相当します。この間、VOC削減に取り組んだ成果がどのように現れたかを1990年からの約25年間の国内生産量統計から調査しました。結果を**図1-2-12**に示します。

　2016年の国内塗料生産量は、1990年に比べて75％程度に低下していますが、粉体塗料の生産量は逆に1.4倍程度増えています。年間生産量の相対比率として溶剤系塗料は約10%低下し、溶剤系の多くは水系と粉体に転換しています。一方、シンナーの比率は逆に上昇しています。水系塗料には約5％の溶剤が必要なことと、高性能のエポキシとウレタン樹脂塗料の生産量の増大に起因しています。

❷植物油由来塗料の見直し

　合成樹脂塗料の先駆けとなった長油性アルキド樹脂は植物油を使用することから化石資源の使用量を減らすことができます。この塗料は1940年以降に、それまでの主流であった重合油を主原料とする油性調合ペイントの座を引き継ぎました。正式名称は合成樹脂調合ペイントで、「ペンキ」と呼ばれています。油の配合割合で、短油性、中油性、長油性アルキド樹脂になり、短油性樹脂は主として焼付け塗料に、中油性、長油性樹脂は常乾型塗料として使用されてきました。

　これらの油変性アルキド樹脂はハイソリッド化が容易であり、顔料分散性が良好です。特に長油性アルキド樹脂塗料は刷毛塗り、ローラ塗りの作業性が優れており、光沢・肉持ち感の良い塗膜を形成します。このような塗料適性を有しているのにもかかわらず、油変性アルキド樹脂は生産量を大幅に減らしています。1990年の生産量は約25万トンでしたが、2016年には8万トン以下にな

りました。酸化重合型塗料の乾燥性は大幅に改良され、ペンキは使いやすくなりました。コスト面とVOC削減からも油変性アルキド樹脂を原料とする塗料は魅力的であり、見直されるべき塗料です。塗料メーカーには製造を継続してもらいたいし、売る努力もしていただきたいのです。水系、粉体塗料のみが環境対応ではありません。適材適所的な使い分けをする細かな配慮がこれからの環境対応に必要だと言えます。

図 1-2-11 ｜ 塗料の年間生産量の推移

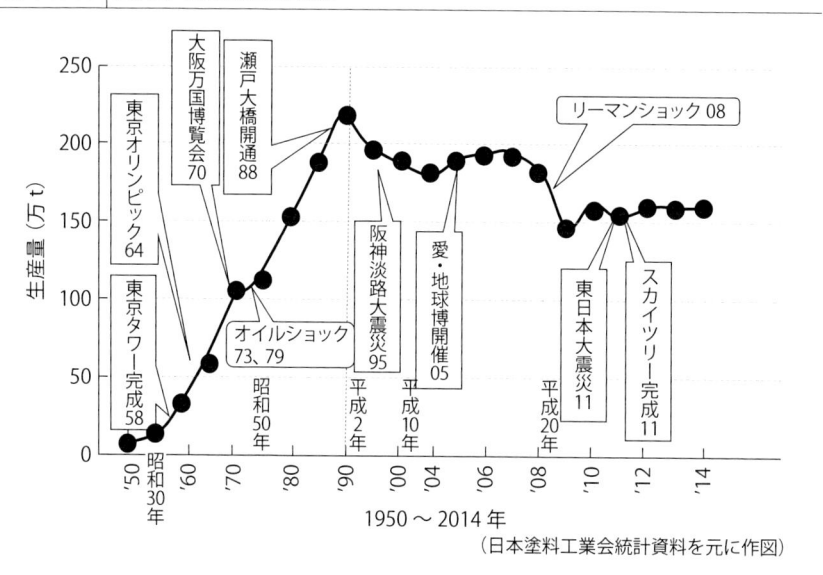

（日本塗料工業会統計資料を元に作図）

図 1-2-12 ｜ タイプ別塗料比率の変化

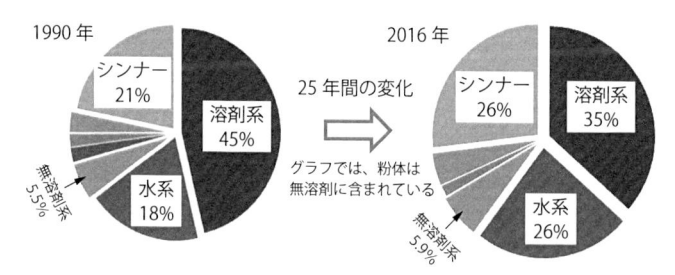

	1990年	2016年	変化率（%）*
塗料生産量（万トン）	220	165	75
粉体塗料			
生産量（万トン）	2.47	3.5	142
生産量比率（%）	1.1	2.1	190

* 1990年の生産量を100とした時の変化率　　　（日本塗料工業会統計資料を元に作図）

刷毛塗りとローラ塗り

　刷毛塗り作業は古くから信頼性のある塗装方式です。腕の良い職人ほど道具である刷毛を大切に保管しています。良い塗装をするためには手入れの行き届いた道具（工具）が不可欠です。塗料は塗り拡げられることによってせん断力を受け、すき間への入り込みや平坦化（レベリング）が良好になります。乾燥の遅い塗料は刷毛塗りに適します。塗り方の基本は**図1-3-1（b）**に示す4段階です。

①**塗料の含み（含ませ）**：刷毛の毛先から毛たけの2/3位まで塗料を含ませ、容器の内側で毛先を軽くたたき、塗料がたれないようにします。

②**塗料を配る（塗付け）**：水平面の場合には左右に配り、垂直面では刷毛を下から上へと一刷毛ごとに塗料を配ります。広い面積の場合には約80×80 cmを一塗り区分として配り、長短がある場合には長手の方向に配ります。

③**塗料を平均にならす（ならし）**：配りの方向とは直角に、塗付けの終わった刷毛で塗料の厚みを均一化します。

④**刷毛目を通す（むら切り）**：均一な厚みにするために、また、刷毛目を整えるために行うことを「むら切り」と言います。毛先を整えた刷毛で、隅から隅まで平行に刷毛目を通す作業です。隅部の要領を図1-3-1（c）に示しますが、隅部以外の途中では塗り継ぎをしないように注意してください。むら切り刷毛と称する平刷毛を用いることもあります。刷毛の代表例を図1-3-1（d）に示します。

　ローラ塗りは刷毛と工具が違うだけで、塗り方の基本は同じです。一動作で刷毛よりも幅広く塗れ、塗付スピードは上がります。**図1-3-2（a）**に示すように、入隅やローラで塗れない箇所を最初に塗っておきます。塗付けは図（b）に示すように、右上からまっすぐに降ろして来て、塗付け幅だけ左上に移動し、その後、まっすぐに降ろしてきます。この繰り返しで塗付け幅のパターンが重なり、被塗物面全体に塗料を配ることができます。

　次に、塗付した塗料をすばやくならします。最後に、刷毛目通しと同様な目的で、ローラの運行方向を一定にして、もう一度はじめからローラブラシを軽く押し当てて運行し、ローラマークが均一になるようにします（図（c）参

照）。ローラ塗りのコツはローラを均一な力で回転させることです。ローラの継ぎ部が凸にならないようにすることと、ローラマークを均一に整えることで、良い仕上がり面が得られます。

図 1-3-1 　刷毛塗りの基本動作と刷毛の種類

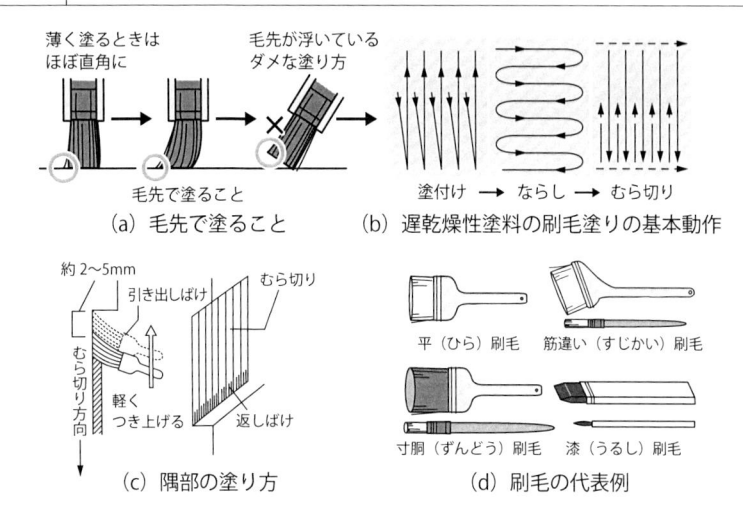

薄く塗るときはほぼ直角に

毛先が浮いているダメな塗り方

毛先で塗ること

(a) 毛先で塗ること

塗付け → ならし → むら切り

(b) 遅乾燥性塗料の刷毛塗りの基本動作

約2〜5mm

引き出しばけ　　むら切り

むら切り方向

軽くつき上げる　　返しばけ

(c) 隅部の塗り方

平（ひら）刷毛　　筋違い（すじかい）刷毛

寸胴（ずんどう）刷毛　　漆（うるし）刷毛

(d) 刷毛の代表例

図 1-3-2 　ローラブラシ塗りの基本動作

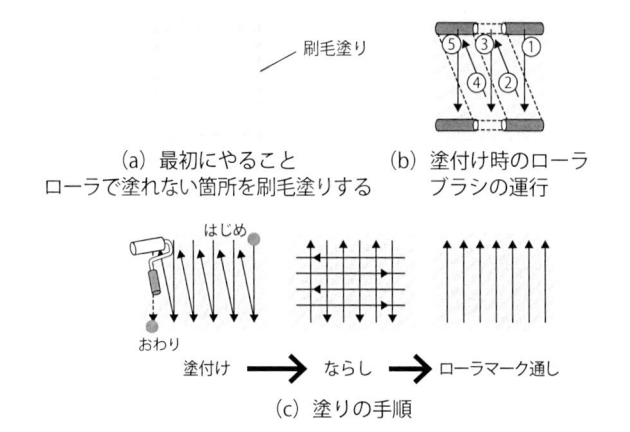

刷毛塗り

(a) 最初にやること
ローラで塗れない箇所を刷毛塗りする

(b) 塗付け時のローラブラシの運行

はじめ

おわり

塗付け　➡　ならし　➡　ローラマーク通し

(c) 塗りの手順

要点　ノート

刷毛塗りの基本手順は塗装全般に通じる極意である。基本は含み、配り、ならし、刷毛目通しからなる。

均一な液膜を転写する高速塗装

　本題の塗装方式には、ロールコーターおよびカーテンフローコーターがあり、それぞれについて塗付原理の概要を示します。

❶ロールコーター

　図1-3-3に示すように、ナチュラル形とリバース形の2種類があります。ピックアップロールで塗料を均一に巻き上げ、膜厚調整の役目をするドクターロールに移送され、均一な厚みの液膜状態を保ったままコーティングロールに移動し、このロールから被塗物に転写されます。ナチュラル形はコーティングロールと被塗物の移動方向が同じであり、リバース形のそれは逆です。リバース形はロール目が付きにくく、均一な膜厚が得られることを理解してください。リバースコーターはヘラ付けする時に、ヘラと被塗物が反対方向に動いていると考えればよいのです。一方、ナチュラルコーターはドクターロールで均一化した液膜の断面をコーティングロールで引き裂くように、被塗物に塗料を押し拡げていきます。そのため、リバース形に比べるとロール目が残りやすく、膜厚の調整も難しくなります。

❷カーテンフローコーター

　装置の原理図を図1-3-4に示します。塗料をポンプでヘッドへ吸い上げ、均一な隙間（スリット）から押し流すと、まるでカーテンのような液膜ができるので、この名前が付いたのでしょう。一定速度で動くコンベアに乗せた被塗物がカーテン液膜を通過すると、塗料が塗られることになります。カーテンの厚さが均一ならば、塗付量は均一になります。作業効率が良く、合板、スレート板など平板の連続塗装に適します。

　この方式の欠点は、曲面を有する被塗物には塗れない部分が生じることと、薄く塗れないことです。塗料を流すスリット幅を0.4 mm以下にするとカーテンが切れやすく、最低でも0.5〜0.6 mm程度にします。塗付膜厚は被塗物の移動速度（コンベア速度）に依存し、流量が0.5 m/sで、コンベア速度が2.5 m/sであれば、塗付膜厚はスリット幅の1/5となります。これらの欠点は、被塗物が平板のみに制限されることです。ロールコーターについては、コーティングロールと被塗物側を工夫することで曲面塗装も可能になっています。

図 1-3-3 ロールコーターの原理

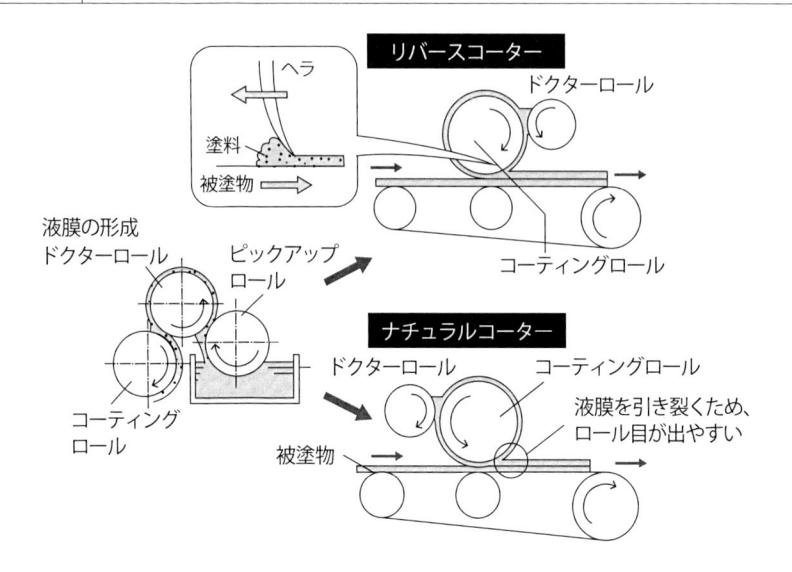

リバースコーター

ヘラ

塗料

被塗物

ドクターロール

コーティングロール

液膜の形成
ドクターロール

ピックアップ
ロール

コーティング
ロール

ナチュラルコーター

ドクターロール　　コーティングロール

液膜を引き裂くため、
ロール目が出やすい

被塗物

図 1-3-4 カーテンフローコーターの原理

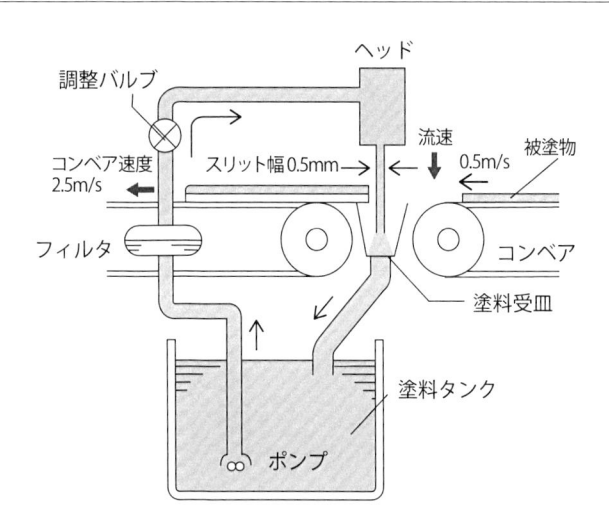

ヘッド

調整バルブ

コンベア速度
2.5m/s

スリット幅0.5mm

流速

0.5m/s

被塗物

フィルタ

コンベア

塗料受皿

塗料タンク

ポンプ

要点 ノート

カーテンフローコーターは、塗料を均一な厚みの液膜に加工して転写する塗装
方式で、高速塗装が可能である。

浸せき塗り・しごき塗り

❶浸せき塗りの原理

　塗料槽に被塗物をどっぷり浸け、引き上げて乾燥させる「Dipping方式（浸せき塗り、ジャブ漬け塗りなど）」と、塗料を押し込む「しごき塗り」とに大別されます。液体塗料と粉体塗料の浸せき塗りの原理図を**図1-3-5**に示します。粉体塗料へのDippingには、粒子中に0.1MPa程度の低圧で空気を送り込み、粉体塗料を流動させます。この中へ加熱した被塗物を浸せきすると、被塗物と接触した粉体は溶融、流動して塗膜になります。水道バルブのような熱容量の大きい鋳造品のような被塗物に適します。

❷しごき塗りの原理

　次に、しごき塗りの原理図を**図1-3-6**に示します。被塗物が移動する方式と、塗料槽が移動する方式とがあります。しごき塗りは薄く何回もという塗装の理にかなった古来からの技法であり、鉛筆、釣竿、ゴルフのシャフト（Shaft）や電線など棒状のものを均一に塗るのに適しています。余分な塗料をゴム板やシール材でしごき取る方式のため、形状が一定であれば一度で全体を均一に塗れ、良い仕上がり外観が得られます。ただし、塗料をしごき取るため、塗付量が少なく、膜厚不足になるので塗装回数は増えるという欠点があります。

　1本の鉛筆を塗装仕上げするには、目止め工程も含め、しごき塗りを10回程度行います。ぶつやヘコなどはもちろんのこと、目やせもきびしく評価され、合格した製品は見事な外観を呈しています。1本の鉛筆にかけるこの苦労と信念を知れば、おろそかにできません。

　明石海峡大橋の鋼鉄製ハンガーロープの塗り替えにも、しごき塗り方式が採用されています。塗料槽が移動するため、高所作業を自動化できることも大きな利点です。ロープの巻き上げ方向に沿って塗料槽が回転しながら下降すると、重力の作用で塗料はロープの内部までよく浸透することがわかりました。さび止め効果を十分に発揮できるとても良い塗装方法が開発されました。

図 1-3-5 浸せき塗りの原理

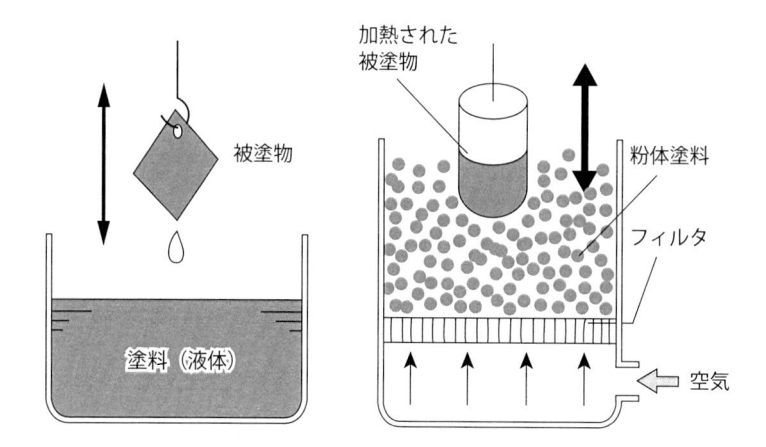

図 1-3-6 しごき塗りの原理

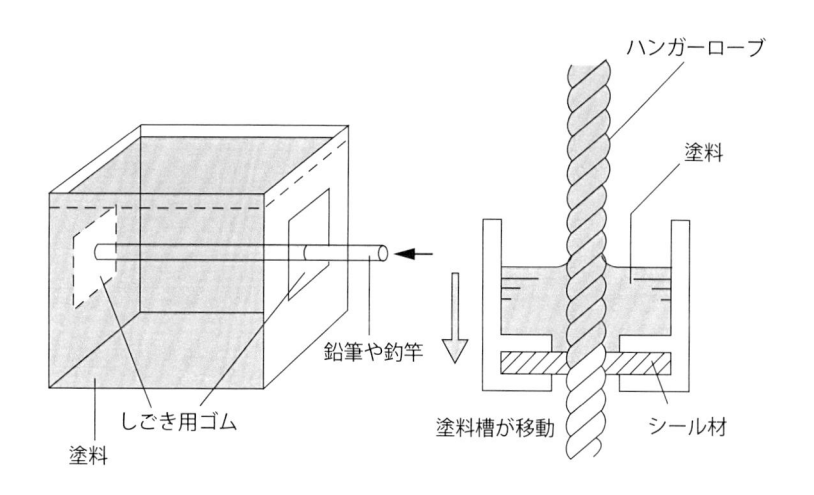

要点 ノート

塗料が被塗物に直に接触して塗付される方式であり、しごき塗りは塗装の原点である。

浸せきして塗る電着塗装

　電気化学をベースとする塗装法が電着塗装です。水の電気分解を理解すれば、電着塗装の原理がわかります。水を電気分解すると、－極からは水素H_2が、＋極からは酸素O_2が生成します。この現象を化学式で表すと、次のようになります。

　　－極：$2H_2O + 2e^- \rightarrow 2OH^- + H_2 \uparrow$

　　＋極：$4OH^- \rightarrow 2H_2O + O_2 \uparrow + 4e^-$

　今度は、＋イオンになっているカチオン樹脂塗料を容器に入れ、被塗物のボディを－極にして、**図1-3-7（a）**に示すように直流電源につなぐと、＋イオンの塗料粒子は－極に移動します（電気泳動）。この時、図1-3-7（b）のように電流が流れ、電流と時間曲線下の面積が移動した電荷量になり、膜厚に比例します。ボディ表面では水の電気分解も起こっており、H^+は電極からe（電子）をもらって、H_2ガスになりますが、OH^-は行き場がなくて－極付近はアルカリ性になっています。

　図1-3-7（a）、（c）に示すように、電気泳動で来た＋イオンの塗料粒子（カチオン樹脂）はOH^-と反応し、－電極付近で電荷をなくし、水に不溶となります。いわゆる、電気析出現象です。

　次に、電気浸透という現象が生じ、図1-3-7（c）、（d）に示すように、反応で生成した水が塗膜形成相から抜けていき、ボディのほぼ全面に塗料が付着します。所定時間後、通電を止め、被塗物を取り出し、水洗して余分な塗料を取り除き、乾燥させます。その後、焼付けると加熱により樹脂成分が流動し、多孔質な塗膜は連続相になり、防せい力を発揮します。

要点 ノート

浸せき法に電気めっき技術を併用すると、被塗物の隅々にまで塗料を移行できる。導電性のある被塗物を有機被膜で覆うのが電着塗装である。

図 1-3-7 カチオン電着法の原理図

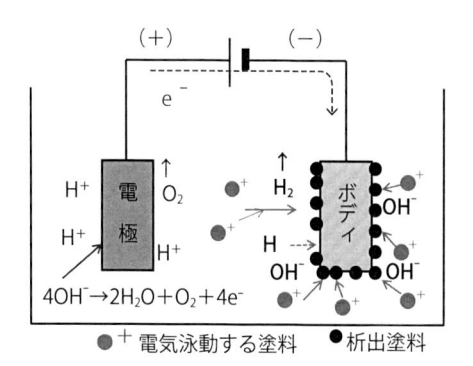

(a) カチオン電着塗料を通電した状態

(b) ブリキ板で実験した通電時の電流変化
（実用ラインでは約300Vの直流電圧をかける）

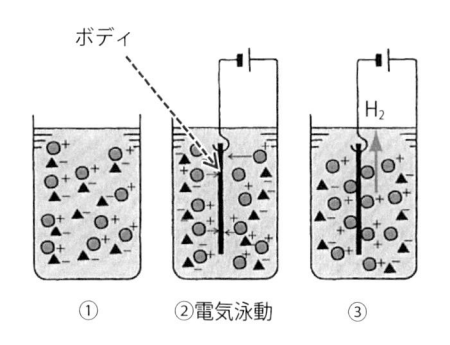

① ②電気泳動 ③

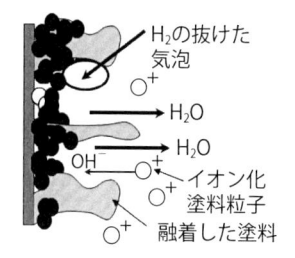

(d) 電気浸透時の状態

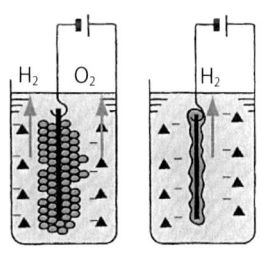

④電気析出 ⑤電気浸透

(c) 電着塗装における塗膜形成

スプレー（吹付け）塗り

　塗料を霧にして塗装する噴霧方法にはエア、エアレス、静電スプレー方式に大別され、この順に、塗着効率は向上します。液体をひも状に噴出させ、空気と衝突させると霧になります。この原理を利用したものに霧吹き（**図1-3-8**）や缶スプレーがあります。液体を高速の空気流と衝突させる装置がエアスプレー方式で、高速の液体の流れを静止空気（大気）と衝突させる装置がエアレススプレー方式です。

❶エアスプレー方式

　図1-3-9に示すように、液体である塗料とエアコンプレッサ（空気圧縮機）で供給される加圧空気とが混合し、塗料に対する空気の容量比が大きいほど霧の粒子は小さくなり、仕上がり外観は良くなります。一般的に使用されているスプレーガンは塗料と空気が外部で混合する方式です。図1-3-9 (a) の空気キャップには中心空気穴、補助空気穴および側面空気穴（角穴）があります。中心穴は主空気穴であり、ノズル出口で空気流速は亜音速に達し、塗料を霧化し丸形パターンを作ります。側面空気穴は、この穴から噴出する空気でスプレーパターンを丸形からだ円形に押しつぶします。側面空気の出る角の方向がスプレーガンの移動方向になります。角が縦方向の場合には横型だ円のパターンが形成され、横方向の場合には縦型だ円のパターンになるからです。

❷エアレススプレー方式

　塗料自体に高圧力をかけるので、高粘度の塗料を吹付けることができます。

図1-3-8 霧をつくる原理

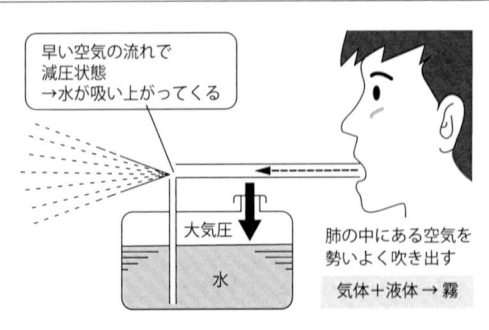

早い空気の流れで
減圧状態
→水が吸い上がってくる

大気圧

水

肺の中にある空気を
勢いよく吹き出す

気体＋液体 → 霧

この高圧力とは10〜30 MPa程度の圧力であり、人間の皮膚を貫通するので、絶対に人に向けないように注意してください。図1-3-10に示すように、弾丸のように噴出された塗料粒子が外部の空気と衝突し、霧化され、被塗物に付着します。エアスプレーに比べて飛散する粒子が少なく、厚膜塗装ができるので、重防食用途には有効です。

図 1-3-9 エアスプレーガンによる微粒化の原理

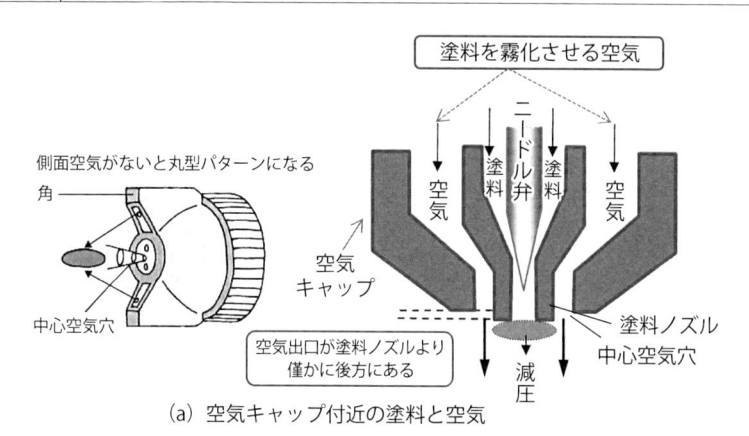

（a）空気キャップ付近の塗料と空気

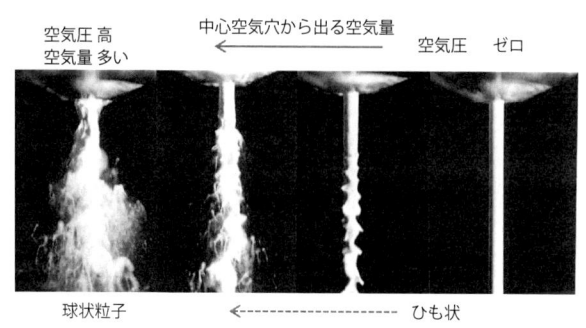

（b）空気量によって変わる液体（塗料）の形態

（出典：桑田 透：「第58回塗料入門講座テキスト」色材協会、p.59、60（2017））

図 1-3-10 エアレススプレーガンによる微粒化の原理

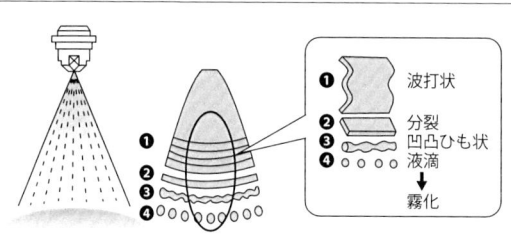

静電スプレー塗り

　静電スプレー方式は、①前述のエア、エアレススプレーの噴霧粒子を帯電させるコロナピン方式、②霧化に遠心力を利用する円盤回転方式または、円筒カップ回転方式、③粉体塗料と空気との混合物を帯電させる粉体静電方式に大別できます。

❶コロナピン方式
　図1-3-11のようにエア、エアレススプレーで霧化した噴霧粒子に対して適用する方式です。塗装機先端のコロナピンに高電圧（-3万〜-10万V）を印加し、-に帯電した塗料粒子が静電気の引力でアースされた被塗物に付着します。噴霧粒子は被塗物に対するつきまわり性が向上し、塗着効率が向上します。

❷円盤回転方式または円筒カップ回転方式
　新車の塗装ラインで実用化されているものが、図1-3-12に示すベル型静電塗装機です。塗料の霧化にエアを使用しません。霧化頭の役目をするベル型のカップ内に塗料を供給し、これを高速回転（15,000〜40,000rpm）させると、遠心力で塗料が薄く引き延ばされ、カップの縁から放出されると、霧化粒子になります。カップにはコロナピンと同様に-9万V程度の高電圧がかけられ、粒子は帯電します。エア霧化コロナピン方式よりも霧化粒子の粒径と分布が狭

| 図1-3-11 | 静電エアスプレーの原理図とつきまわり性の違い |

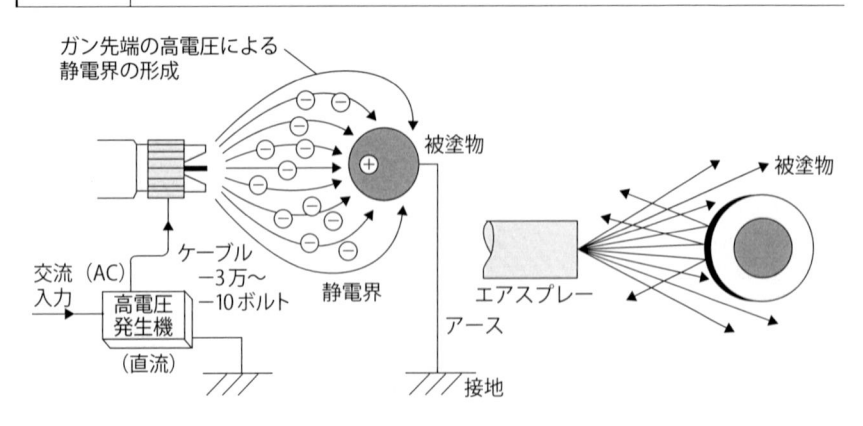

まり、仕上がり外観も良好です。

❸粉体静電方式

　液体塗料と同じ機構のコロナピン方式と摩擦帯電のトリボ方式とがありますが、実用的に普及しているのはコロナピン方式です。トリボ方式では高電圧発生機は不要で、**図1-3-13**に示すように、粉体粒子が空気と混合することで流動し、塗料粒子は塗装機内部の円筒壁面に何回も衝突、摩擦しながら帯電します。円筒壁面にはテフロン製とナイロン製のものがあります。外部電界の影響がないので、帯電粒子を必要な箇所に供給できれば、凹部をはじめ、グリッド形状や複雑形状品の隅々にまでよく塗着します。

図1-3-12 ┃ 回転カップ式静電塗装機の霧化機構

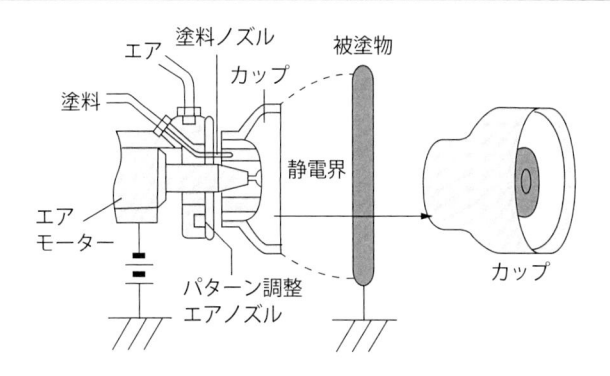

図1-3-13 ┃ トリボ帯電方式による粉体塗装機の原理

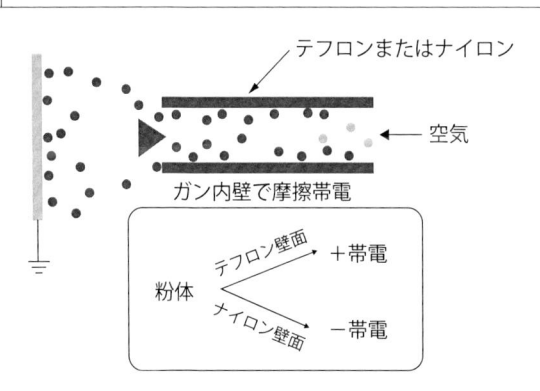

要点 ┃ ノート

静電気を上手に使うと塗着効率に優れた塗装ができる。粉体は空気があるから流動し、帯電する。

色彩のいろは

　物体の色は太陽光線の一部である**図1-4-1（a）**に示す可視光（波長380-780 nm）の吸収によって起こり、リンゴが赤く見えるのは短波長側（380-600 nm）の青〜緑色をリンゴが吸収しているためです。図1-4-1（b）に示す色と分光反射率との関係図を理解してください。黒は可視光のほぼすべてを吸収しますが、白は吸収しません。私たちが見ているのは物体で散乱反射された光の色であり、白く見えることは、その物体が可視光を吸収していないことを示します。

　それでは、ちょっと練習問題にトライしましょう。

質問1 アクリルやPETフィルムは単層では透明性が高いのに、これらを何枚も重ねていくと白濁していきます。フィルムを重ねる時に界面をアルコールで湿らせると透明感は復帰します。これらの現象を目に見えるサイエンスとして説明してください。

答1 PETフィルムの透明性が高いのは透過光が多く、反射光が少ないからです。フィルムを重ねるごとに空気層が入ります。まず、PETフィルム、空気、アルコールの屈折率を調べましょう。順に、1.6、1.0、1.36です。ここで、**図1-4-2**に示すモデルで、光の透過と反射を比べて見ましょう。単一フィルムの空気側から入射した光の挙動図（a）と、空気層を含む2枚のフィルムの重なりに入射した光の挙動図（b）とを比較します。光は屈折率の異なる物質に入っていくたびに法則性をもって前進していきますが、反射もします。図（b）には光の経路に空気層があるので反射光が増え、白く見えます。図（c）のように、この空気層をアルコールに変えると透明になるのは、反射光が減るためです。キーポイントは、光は屈折率の異なる界面で反射すること、そして、屈折率差の大きい界面ほど反射光が増えることです。

質問2 反射光の強さ（散乱強度）は境界を有する2物体の屈折率差に関係すると理解できました。境界を有するとは具体的に境界面（界面と呼ぶ）が多いか少ないかで見た時、2物体の接触界面の面積の多い方が散乱能力は高いと判断してよいですね。

答2 そのとおりです。図1-4-2の例は平滑表面なので接触面積は小さいと言え

ます。接触面積の大きい例として、白色の顔料粒子（屈折率の異なる2種を選択）を分散したエナメルを取り上げます。塗料用白顔料の典型はルチル形チタン白（TiO_2と略）で、屈折率は2.7と、かなり大きい顔料です。もう1種類の白顔料は屈折率1.5-1.6の炭酸カルシウム（$CaCO_3$）で、ポリマーの屈折率とほぼ同じです。ビヒクルには分散性の良いポリエステル樹脂を選びました。2種の白顔料を分散させたエナメルを調製し（塗膜中の顔料の体積濃度を20％に調製）、白地と黒地を有する隠ぺい力試験紙に膜厚がほぼ40μmになるように塗付しました。これまでの知識を活用すれば、どのような結果になるでしょうか。考えてください。

図 1-4-1　可視光の波長成分とエナメル色の分光反射率曲線

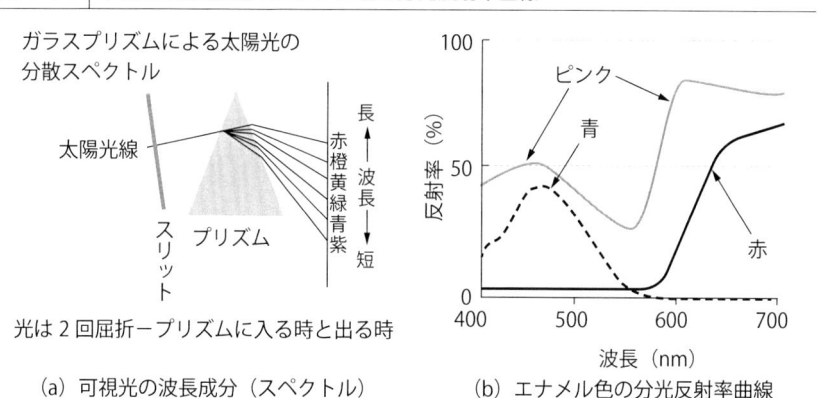

（a）可視光の波長成分（スペクトル）　　（b）エナメル色の分光反射率曲線

図 1-4-2　透明フィルムを重ねた時の反射光の強さ

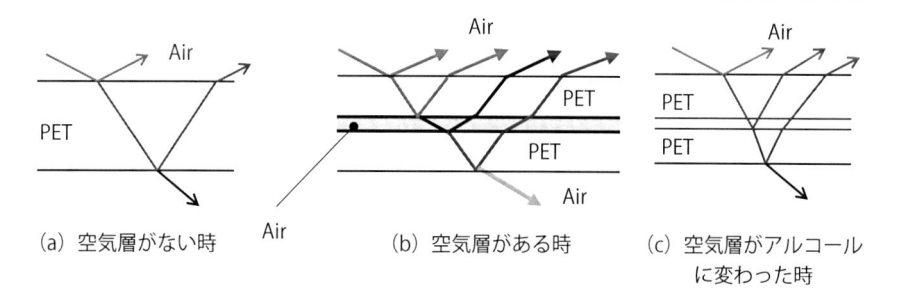

（a）空気層がない時　　　　（b）空気層がある時　　　　（c）空気層がアルコールに変わった時

要点｜ノート

可視光線が物体に入射した時、私たちは物体からの反射光を見て色を感じている。すべての可視光を吸収した物体は黒で、吸収せずに反射した物体は白である。

隠ぺい力と試験法

　2種のエナメルの結果を図1-4-3に示します。ポリマーと屈折率の差が小さいCaCO₃粒子を分散させたエナメル塗膜は粒子/ポリマー界面で可視光線の多くは散乱されずに透過する割合が圧倒的に多く、クリヤ塗膜と差異がありません。一方、TiO₂エナメルでは粒子/ポリマー界面での散乱強度が高く、下地に到達する入射光はほとんど無く、下地が見えなくなったと考えてください。

質問1 TiO₂エナメルを薄く塗れば下地は透けます。膜厚効果は隠ぺい力と関係するので、この膜厚効果を図解で説明してください。

答1 うまくないですが、原理がわかるように描いてみます。図1-4-4に示します。膜厚の増大により粒子/ポリマー界面の表面積が増え、下地に到達する可視光線量が減ること、さらに下地からの反射光も粒子界面で散乱しながら減衰していくと考えてください。隠ぺい力に及ぼす膜厚効果の例を青エナメルで図1-4-5に示します。顔料容積濃度（PVC）は4％と低いのですが、青顔料（フタロシアニンブルー）は可視光線を吸収するため、同PVCの白エナメルと比べると隠ぺい力は大きくなります。

　下地（素地）を隠す能力を隠ぺい力という用語で表現します。図1-4-3に示す試験紙に塗付し、(黒地上のY値)/(白地上のY値) の比率が0.98以上になった時を「完全隠ぺい」と呼び、隠ぺい力を次のように求めます。

　完全隠ぺいに要した塗付量と隠ぺい力試験紙の表面積を計測し、塗付量当たりの隠ぺい面積を求め、〔cm²/g〕で表示します。顔料の隠ぺい力を比較するには、エナメル中の顔料重量を求め、顔料1g当たりの表面積で表します。測定値の一例ですが、TiO₂では290〔cm²/g〕となり、CaCO₃のそれは、限りなく0でした。塗付量を膜厚と見なし、完全隠ぺいに要したエナメルの乾燥膜厚で表示してもOKです。この膜厚が小さいほど隠ぺい力は大きくなります。なお、Y値とは明度のことで、色彩計で簡単に計測できます。

質問2 白エナメルの隠ぺい力は粒子/ポリマー界面での散乱能力に関係します。散乱強度の要因として、界面での屈折率差の他に、顔料粒子の大きさ（粒径）が考えられます。散乱強度と粒径との関係はどのようになりますか。答えを次項に示します。

図 1-4-3 | 屈折率の異なる 2 種の白顔料で調製したエナメル塗膜の比較

屈折率 TiO_2 (2.7) ＞ $CaCO_3$ (1.5 ～ 1.6)
ビヒクルポリマー：ポリエステル樹脂屈折率 1.6

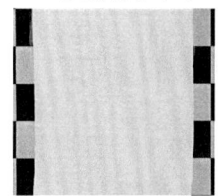 

(a) TiO_2 塗膜 （膜厚 39 μm）　　(b) $CaCO_3$ 塗膜 （膜厚 40 μm）

図 1-4-4 | 塗膜中における光線挙動のモデル図

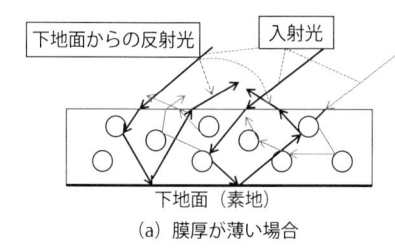

下地面からの反射光　　入射光

下地面 （素地）

(a) 膜厚が薄い場合

図中の太線が下地面からの反射光。膜厚大の方が光路長は増え、下地面からの反射光は減衰する。

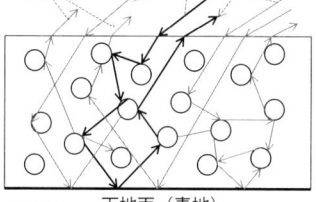

粒子からの散乱光　　入射光　　下地面からの反射光

下地面 （素地）

(a) 膜厚が厚い場合

図 1-4-5 | 隠ぺい力に及ぼす膜厚効果

青エナメル塗膜 （顔料容積濃度 PVC 4%）
顔料：フタロシアニンブルー、屈折率 1.9
ビヒクルポリマー：ポリエステル樹脂屈折率 1.6

(a) 膜厚 12 μm　　　　(b) 膜厚 38 μm

要点 ノート

隠ぺい力とは下地を隠す能力で、白エナメルならば顔料 / ポリマーの界面での散乱強度が高いほど （両者の屈折率差が大きいほど）、隠ぺい力は大きくなる。

光の散乱強度と顔料粒子径

答2 科学的な説明よりも、**図1-4-6**に示す水性透明塗料の外観を見てください。(a) は水溶性、(b)、(c) はポリマーが水中に粒子として分散しています。それぞれ「コロイダルディスパージョン」、「エマルション」と呼ばれますが、同じ仲間です。分散粒子は (b) の方が小さくなっていますが、(c) に比べて、透明感があります。要は、光線を散乱する能力と粒子の大きさとの関係には**図1-4-7**に示すように最適な範囲が存在するということです。

　液体、固体中であっても、充てん粒子の種類にかかわらず、粒子の大きさが光の波長の1/2程度になると、散乱強度は最も強くなるという法則があります。人間の目には500 nm付近の光がもっとも明るく感じられる（緑領域の光に対する感度大）ので、TiO_2のような白顔料は500 nmの半波長である250 nm（0.25 μm）程度に粒径を調製しています。粒径が100 nmと小さくなると、図1-4-7の横軸は100/500＝0.2となり、可視光線500 nmの散乱強度は低下し、透明性が増します。一方、200 nmの紫外線UVに対して散乱強度は最大になり、粒径調製によるUVカットのテクニックになっています。

質問3 図1-4-6 (b) の液体は半透明で青っぽく見えます。200 nm程度のTiO_2粒子を分散させたエナメル塗膜もよく見ると青っぽいのですが、どうしてですか。

答3 液体 (b) およびTiO_2微粒子の青みは粒径による散乱強度に関係します。波長の短い青色を僅かでも散乱するからです。粒径の大きくなった液体 (c) のエマルションは可視光領域をほとんど散乱させてしまうので白く見えます。TiO_2粒子が僅かに青く見えたり、赤みがかって見えるのは散乱強度が粒子径に依存するからです。

質問4 話が前後しますが、白エナメルに少量の着色エナメル（たとえば、図1-4-5に示す青エナメル）を加えると、隠ぺい力は大幅に向上します。どのように考えたらよいでしょうか。

答4 これには可視光線の散乱と吸収を考えると理解できます。白顔料の有する散乱能力に、着色顔料の有する吸収能力が加わったからです。可視光線が下地に到達しなければ隠ぺい力は向上します。吸収能力の高い黒色顔料であるカー

ボンブラック（CB）を入れると効果があり、混合すると灰色エナメルになり、
白エナメルよりも隠ぺい力が高くなります。

図 1-4-6 | 水性塗料の外観

（a）水溶性　　（b）コロイダルディス　（c）エマルション
　　　　　　　　　　　パージョン

外観	透明	半透明	乳白色
粒子径（nm）	50以下	50〜200	200〜500
分子量	10^3〜10^4	10^3〜10^5	10^5以上

図 1-4-7 | 粒子の大きさと
光の散乱能力との関係

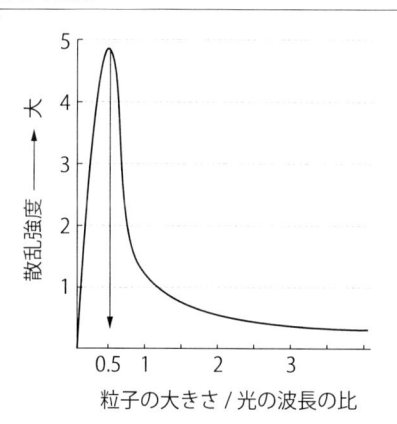

粒子の大きさ / 光の波長の比

要点 ノート

光線を散乱する能力は顔料粒子の屈折率に依存し、散乱強度は粒子の大きさが
光の波長の 1/2 程度になると、もっとも大きくなる。

隠ぺい力を補う手法

質問1 実際の塗装作業においては、図1-4-8に示すように、下地が透けるため何回も上塗りをしたことがあります。隠ぺい力の弱い塗料を使いこなすテクニックがあれば教えてください。

答1 前項の答4にそのノウハウが含まれています。可視光線の散乱と吸収能力を併せ持つグレーの塗料を使いこなすことです。「なーんだ、グレーならばいつでも使っているよ」と言われるかもしれませんね。でも、Key pointを理解してください。

　隠ぺい力の小さい赤、黄エナメルを使用して、実験することにしました。図1-4-9に示すように、3色を下塗りした車のドアパネルを試験体に使用します。白、黒、赤さびで図中に示すように、明度Y値は明らかに異なります。順を追って説明します。

　完全隠ぺい時の上塗りの赤塗料のY値は11です。それで、下塗りの赤さび色の明度を11に調製しました。隠ぺい力の弱い上塗り塗料を図1-4-8と同様に2回塗りました。その結果、下塗りの明度を上塗りのそれに合わせると、見事に上塗りの赤塗料の隠ぺい力が増大しました。もちろん、赤さび色でなくグレーの下塗りを使用しても同じ効果が得られます。

　白、黒下地はまるで隠ぺい力試験紙を見ているようです。上塗りの2色ともY値は下塗りによって左右されています。（黒地上のY値）/（白地上のY値）の比率が0.98以上になった時を「完全隠ぺい」と呼びますから、下塗りの明度を上塗りの明度に調整することは合理的な対処法です。

質問2 実際に下塗りというかプラサフ（自補修、金属塗装用の下塗り、中塗り兼用塗料の総称）を購入する場合、どのようにしたらよいでしょうか。

答2 図1-4-10に示すように、塗料メーカーではアンダーカラーシステムと称して、白、黒の2色か、グレーも付けた3色セットに配合表を付けて販売しています。白、黒2色のプラサフからでも明度の異なるプラサフが自由に調製できます。なお、塗料の配合表はすべて重量表示ゆえ、電子天秤は必需品になります。塗料容器を含めた重さを考慮すると、最大秤量値として3kg、感度は0.01gが欲しいところです。

図 1-4-8 隠ぺい力の弱い上塗り塗料の隠ぺい状態

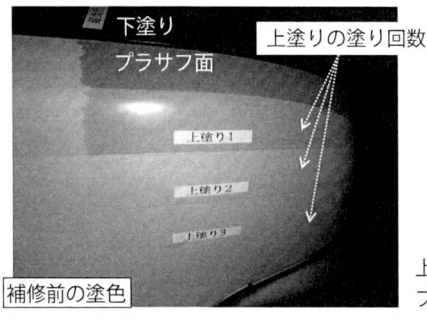

上塗りを3回塗らないと
プラサフ面を隠ぺいできない。

図 1-4-9 隠ぺい力の弱い上塗り塗料を下塗りで補う方法

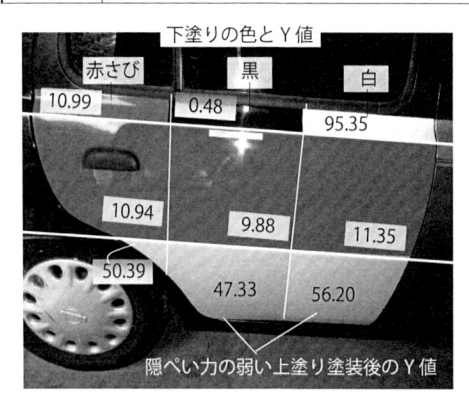

下地の赤さび色の明度は上塗り赤塗料の
明度に合わせたから、黒地と白地に比べ
てほぼ隠ぺいしている。

上塗り	完全隠ぺい時のY値
赤エナメル	11
黄エナメル	52

図 1-4-10 プラサフ情報収集の例

プラサフ3色、あるいは2色から明度の異なるプラサフを調製できる。

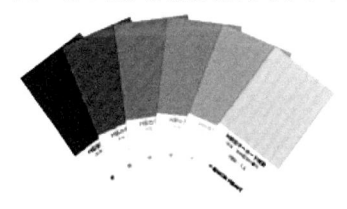

http://www2.rockpaint.co.jp/home_j/products/car/product/pra/hbpraf2.html

要点 ノート

隠ぺい力の弱い塗料の塗り回数を減らす方法を知っていると便利である。それ
は、上塗り塗料の明度に近い下塗りを使用することである。明度の調整は白、
黒エナメルで容易にできる。

つや・光沢の表し方

　塗装外観の評価として欠かせないのは仕上がり面のつやの程度です。仕上がり状態を指示する時には、つや有り，3分つや、つや消しなどと表現するのは適切ではありません。これらは光沢感を表す感覚的な尺度です。塗料は工業製品ですから、つやの程度も定量的に管理していかなければなりません。（反射光束)/(入射光束）の比を測定し、光沢度として表現すれば定量化できます。

❶鏡面光沢度と心理的光沢感の関係

　鏡面光沢度と心理的光沢感の関係を**図1-4-11**に示します。Gs（θ）は入射角θでの基準面（屈折率1.567の磨かれた黒ガラス面）の鏡面光沢度を100として、これに対し試験片の鏡面光沢度はいくらになるかを計測します。基準面との比率〔%〕で表示され、100%を超える場合もあります。θには20°、60°、75°が用いられます。低光沢の表面を見る時には、できるだけ斜め（θが大きい）から見るようにします。このようにすると反射量が多くなり、低光沢表面の差異がわかりやすくなります。

　一方、高光沢表面の差異を見分けるには真正面から見て、すなわち、θを小さくしてGsを測定します。図中に、$\theta=20°$、75°におけるGsの感度を示しています。$\theta=60°$では、Gsの感度が平均化されるので、一般には、60°鏡面光沢度で塗装面の光沢の良否を定量評価しています。60°鏡面光沢度の測定データは（1）耐候性評価、（2）レベリング性の評価、（3）顔料分散性の評価などに有効に活用されています。

❷周波数解析して定量化

　図1-4-12に示す乗用車と新幹線の塗装面の写像の違いレベルならば60°鏡面光沢度で評価できますが、車体塗装面の詳細な違いを調べるためには鮮明度光沢度（写像鮮映性）が必要になります。標準図形の写像の微少なゆがみを周波数解析して定量化します。鮮映性の支配要因には、高度な顔料分散性（粒子径の分布程度）をはじめ、塗装機器から噴霧される塗料粒子径や粒子融着時の微細な凹凸の周期や振幅などと塗料の粘弾性との関係が検討されています。工業塗装ラインには、回転カップ式（ベル型）静電ガンやPCM（プレコートメタル）用ロールコーターが投入されており、高速化と写像鮮映性が命題になっ

ています。塗料物性からのアプローチは必須項目ですから、中道敏彦氏の成書（「塗料の流動と塗膜形成」技報堂出版、1995）を参考にしながら、解析を進めてください。

図 1-4-11 | 鏡面光沢度 Gs の測定原理と心理的光沢感と Gs との関係

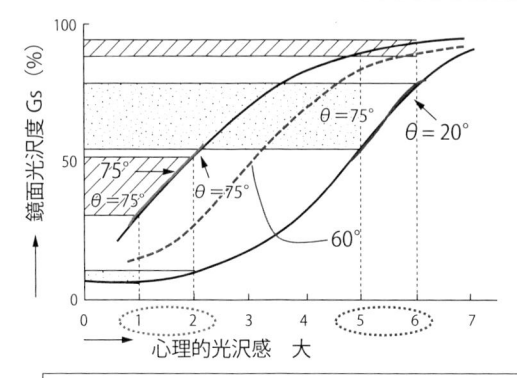

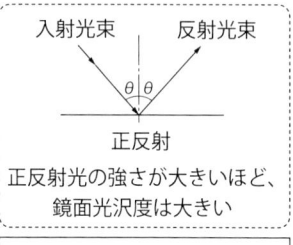

入射光束 反射光束

正反射

正反射光の強さが大きいほど、
鏡面光沢度は大きい

20°	高光沢面
60°	低、高光沢面
75°	つや消し面

測定値の数値は、次式で示されるように、基準面との比率で%表示になる。
$$Gs = 100 \times (試料面からの正反射光束)/(基準面からの正反射光束)$$

出典：中道敏彦：「塗料の流動と塗膜形成」技報堂出版（1995）

図 1-4-12 | 写像鮮映性とは

写っている車体を見ている

車体の鮮映性は自動車の方が上

要点 ノート

仕上がり面のつやの程度を定量評価するためには鏡面光沢度なる測定が有効である。入射角を変えることで適用範囲が異なること、さらに鏡面光沢度で評価できない高光沢表面については写像鮮映性を調べるとよい。

● 新車の流行色 ●

　毎年、100色以上の新しい色が車に塗られ、流行色が登場しています。車の人気色調査で実績のあるアクサルタの2017年度版報告書によると、日本と世界の人気色は**表**のようになっています。1位には、パールホワイトが選ばれています。

　新色の決定には、車のイメージを中心に塗装で醸し出す質感、深み感、ハイライト感などの要素が加味されます。しかし、どんな色でも車に塗れるわけではありません。世界のあらゆる厳しい環境下で変色・退色せず、耐久性を発揮する顔料でなければ車用塗料に使用できません。そのための試験は各種促進耐候性試験機（室内で、試験装置を使用する）だけでは十分でなく、2年間の屋外自然暴露が必須条件となっています。塗料メーカーでは車の色を提案するため、さまざまな塗り板を常時、沖縄をはじめ国内9カ所とアメリカのフロリダに暴露しており、塗膜性能の確認に取り組んでいます。合格して選ばれた色だけが街を走ることになります。

表 「2017年版自動車人気色調査報告書」レポート

順位	日本	割合(%)	順位	世界	割合(%)
1	ホワイト（内訳：パールホワイト28　ソリッドホワイト7）	35	1	ホワイト（内訳：パールホワイト26　ソリッドホワイト13）	39
2	ブラック（内訳：エフェクトブラック16　ソリッドブラック6）	22	2	ブラック（内訳：エフェクトブラック13　ソリッドブラック3）	16
3	シルバー	14	3	グレー	11
4	ブルー	8	3	シルバー	11
5	レッド	6	5	ブルー	7
6	ブラウン	5	6	レッド	6
7	グレー	4	7	ブラウン	5
8	その他	3	8	イエロー	3
9	イエロー	1	9	グリーン	1
9	グリーン	1	10	その他	1

（出典：http://www.axaltacs.com）

【 第**2**章 】

塗装の作業前準備と段取り

木材

❶木材の分類

　木材は針葉樹と広葉樹の2種類に大別されます。針葉樹は寒い地方に生育し成長が早く、一方、広葉樹は温暖な地方に多く、成長が遅いのです。両者の違いは木と葉の形によく表れています。針葉樹はクリスマスツリーのように尖った形状をしているのに対し、広葉樹はこんもりとしています。塗装の対象となる木材と樹木としての木材とがうまくリンクするように説明します。まず、丸太から木取りした板材（**図2-1-1**）を見てください。塗装の対象になるのは丸太の縦断面で、柾目板と板目板です。前者は中心軸を含む縦断面で丸太から1枚しか木取りすることができません。一方、板目板は中心軸を通らない板材で、年輪は山が重なったような模様になります。

❷丸太の断面

　次に、丸太の横断面を見ましょう。樹心に近いほど小さな円形ですが、1年ごとに大きくなっていきます。この円形が年輪です。1年に1つ増え、成長の様子は年輪の幅（細胞の増え方）に現れます。1つの年輪をミクロに見ると、早材（春〜夏）、晩材（夏〜秋）、年輪界になっています。この様子は木材共通です。早材部は成長が早いから形成された細胞が大きく、晩材部は細胞が小さいので濃淡模様ができます。針葉樹では材の90％以上が仮道管からなる単純な組織からなるため、樹種が変わっても木理はほぼ同じです。一方、広葉樹では図2-1-2に示すように、年輪界に沿って小さな穴（道管）が年域全体に分散しているものが図（b）の散孔材であり、早材部に大きな道管が集中しているものが図（c）の環孔材です。木理とは、木質感を表す言葉です。

　年輪を見てもこんなに大きな変化があるから、塗装の対象となる広葉樹の木地（板目、柾目面）は木質感が豊かです。無垢板（ソリッド材）を使用すると貴重な資源が枯渇してしまいます。そこで、原木の丸太を図2-1-3に示すように回転させながら、刃物を当てて連続した薄い板（約0.2 mmと0.5 mmの単板2種）を切り取ります。この単板を芯材、添え芯材と組み合わせて繊維方向に直交して接着剤で貼り重ねます。このように交互に芯材を接着し、表層に希望の単板を貼り付けた板を天然木化粧合板、あるいは原木名で、ケヤキ、ナラ、

シナ合板と呼びます。合板は環境温湿度が変化してもほとんど変形しないのでピアノの素材としても使用されています。無垢板は寸法変化が合板に比べて大きいのですが、含水率が10％以下になるまで自然乾燥させてから加工し、塗装すると、水分の出入りが少なくなり、座卓や椅子・サイドボードなどの高級家具として永く使用できます。重厚感や高級感は合板の比ではありません。このように無垢板と合板は適材適所に使い分けをされています。

図 2-1-1 | 丸太からの木取り

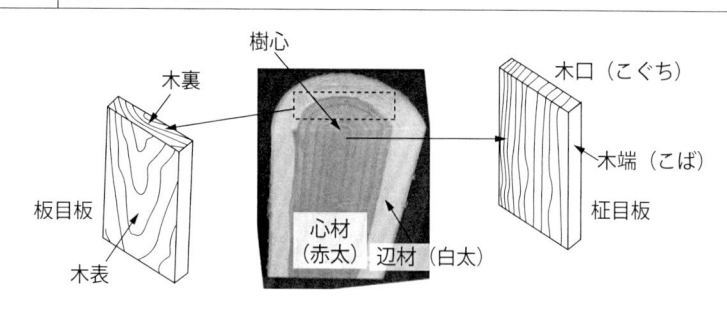

図 2-1-2 | 年輪の観察

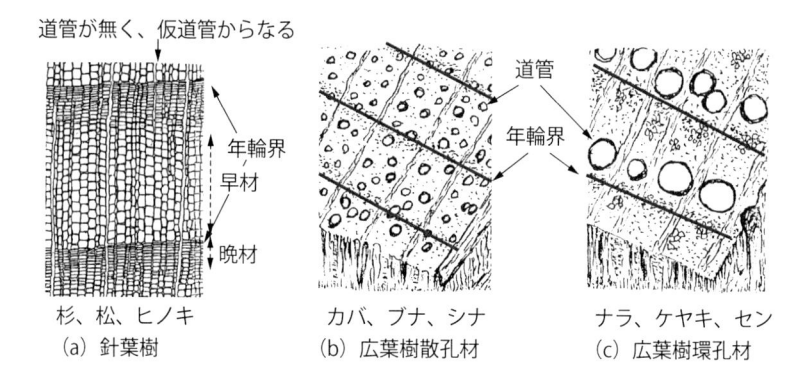

（a）針葉樹　杉、松、ヒノキ

（b）広葉樹散孔材　カバ、ブナ、シナ

（c）広葉樹環孔材　ナラ、ケヤキ、セン

図 2-1-3 | 天然木化粧合板の作り方

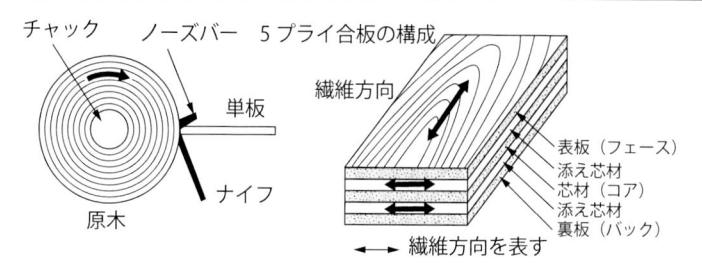

木工塗装のポイント

❶屋外用途の建築構造物を保護する塗装

　木工塗装には2つの分野があります。1つは寺社・仏閣のように屋外用途の建築構造物を保護する塗装です。木材の強度は樹齢分保証できると言われています。この耐久性を生かすためにはカビを発生させないとか、生物劣化を防ぐための塗装が必要です。そのためには塗膜下の木材が吸水と排水を比較的容易に行え、塗膜には防腐・防汚機能が要求されます。高級材の建築物には白木仕上げの耐久性を要求されます。

❷木材をより美しく表現する分野

　もう1つの分野は、家具・楽器・建具のように木材をより美しく表現する分野です。木理とは、木目・模様・紋様を総合した木質感を表す言葉であり、この木理を強調するために、着色作業は不可欠です。ところで、家具類の色表示に、チーク、マホガニー、ウォールナットなる用語を目にします。それはこれら木材が「世界の三大銘木」だからです。せめて三大銘木の色だけでも真似て、高級感を醸し出そうという考えです。木材の着色作業は素地に直接着色する木地着色と、着色剤を混合したクリヤ（カラークリヤ）を塗る塗膜着色に大別されますが、両者の併用もごく普通に行われています。心材と辺材を有するカバ材（広葉樹散孔材）に染料溶液を使用して木地着色すると、**図2-1-4　(a)** に示すように吸い込みムラを生じて、反対に木地を汚してしまいました。

　そこで著者らは、着色材の吸い込みムラを抑え、木質感を出せる表面処理材を開発しようと考えました。透明性微粒子として、$BaSO_4$（以下、Ba）を使用した分散液は固形分として$Ba/$分散剤$=97/3$ wt%からなるもので、有機溶剤で希釈されています。この分散液を「ナノツボコート」と名づけ、木地面がどのように改質されるかを調べました。結果をまとめると次のようになります。

①Ba粒子が脱着しない適切なナノツボコートの付着量（乾燥重量）は5-15 g/m^2であり、膜厚に換算すると約1-3 μmになります。

②ナノツボコートの塗付により木地は均質な多孔質面になること、さらに平滑性も増すことがわかりました。一例として、カバ心材部（付着量15 g/m^2程度）のSEM観察結果を**図2-1-5**に示します。

③ナノツボコートの塗付後に着色すると、図2-1-4（b）に示すように着色むらは改良され、木理は鮮明になりました。

図 2-1-4 未処理木地とナノツボコートの塗付後に着色した状態比較

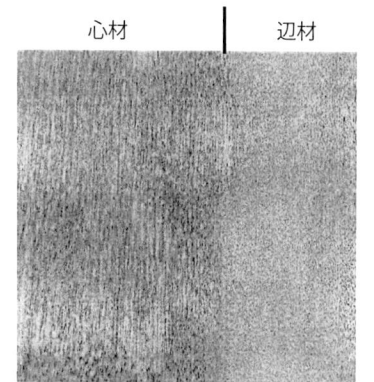 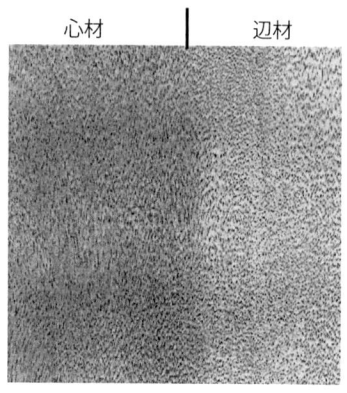

（a）未処理木地に着色　　　　（b）ナノツボコート塗付後に着色

図 2-1-5 ナノツボコートの塗付によるカバ木地面の変化

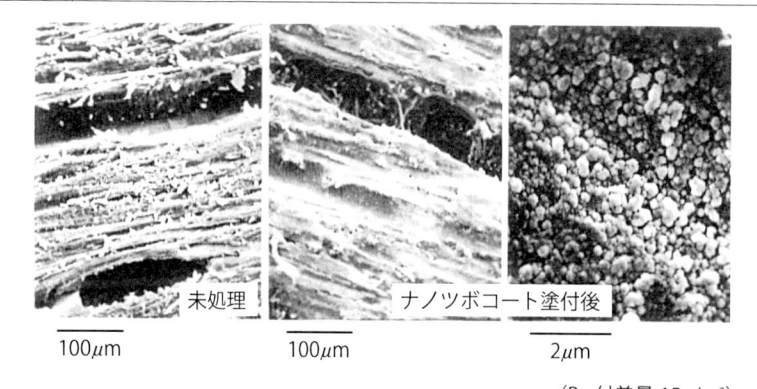

100μm　　　　100μm　　　　2μm

（Ba 付着量 15g/m²）

要点　ノート

木材の塗装目的には木材の生物劣化を防ぐための塗装と、より美しく見せるための塗装がある。後者では、木地を均質な多孔質面に改質させる技術が有効であった。

鉄鋼（1）

❶金属はなぜさびるのか

　基本的すぎますが、金属はどうしてさびるのかを考えてみましょう。燃えるということは、ものが空気中の酸素と激しく化合する現象です。鉄などの金属がさびるのも、同じく空気中の酸素による酸化です。ちなみに鉄を粉にすれば表面積が増え、粉じん爆発をするから安全に管理しなければなりません。

　金属は自由電子をもっているから可視光が当たると、キラキラします。自由電子が振動している証拠です。このような高エネルギー表面は活性であるがゆえに安定化しようして、大気中にある酸素と化学結合するのはごく自然です。対極にあるのがプラスチックであり、原子同士がお互いに電子を共有し合ってポリマーとなり、巨大な分子量体が集結してプラスチックになっています。安定な電子配置で結晶を形成しているPEやPP、ふっ素樹脂などは耐薬品性、耐候性は良好ですが、低エネルギー表面ゆえに塗料との付着性は困難です。

❷鉄がさびる現象

　鉄がさびる現象を電子eの移動で説明します（図2-1-6参照）。

①キズついた鉄が水中（微少電流が流れる電解質）にある時、図中Aと表示された鉄の原子が鉄イオンとなって溶け出します。この時、A部の鉄には放出された電子eが存在し、近場の図中Cに向かって電子の流れが発生します。

②eの流れの反対向きが電流の向きになり、電解質水溶液中ではA→Cの向き、鉄の中ではC→Aの向きに電流が流れます。水溶液中では鉄の溶け出たA部が＋極（陽極、アノード）になり、健全部のC部が－極（陰極、カソード）になります。局部的であっても電流が流れているから電位はEc＞EAです。

③C部にはeが供給されており、水溶液中の溶存酸素（水中に約9ppmある）がeを奪って、OH^-を生成し、H^+があれば、eを奪って、水素になります。いずれも還元反応です。A部の鉄は電子を放出するから酸化反応です。

④水溶液中にFe^{2+}とOH^-があり、反応して水酸化第一鉄である$Fe(OH)_2$ができ、A部の近くのB部にドンドン沈殿します。$Fe(OH)_2$が空気中の酸素と接

触すると化学反応して、安定な酸化鉄（$Fe_2O_3 \cdot H_2O$）になります。この状態が赤さびであり、活性な鉄が安定化しました。

以上、①から④の状態を化学式で表すと、次のようになります。

A部では、

$$Fe \rightarrow Fe^{2+} + 2e \tag{1}$$

一方、C部では

$$2H^+ + 2e \rightarrow H_2 \tag{2}$$

$$O_2 + H_2O + 4e \rightarrow 4OH^- \tag{3}$$

B部では、$Fe(OH)_2$ができ、空気中の酸素と接触すると

$$4Fe(OH)_2 + O_2 \rightarrow 2Fe_2O_3 \cdot H_2O + 2H_2O \tag{4}$$

図 2-1-6 電子の移動から見たさびの発生

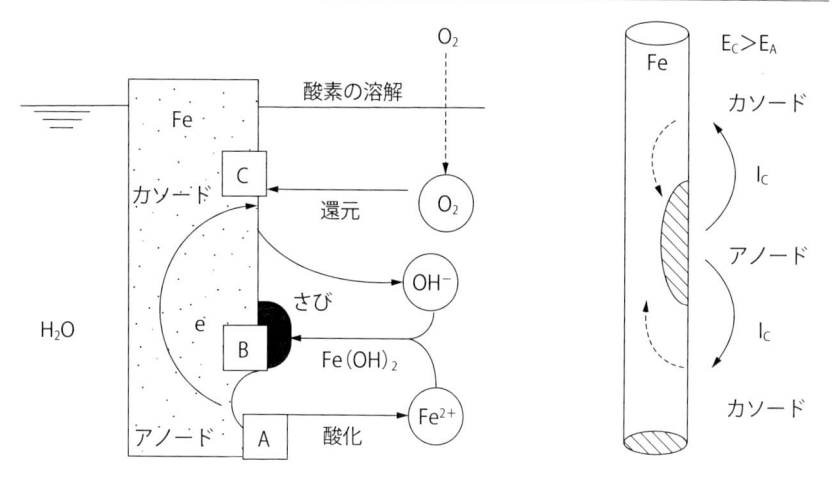

（E_C：カソード電極の電位、E_A：アノード電極の電位、I_C：腐食電流）

要点 ノート

金属は活性なるがゆえにさびる（酸化する）。鉄を例にとって、安定な赤さびになる過程を電子 e の移動から説明した。

鉄鋼(2) 素地調整

❶黒皮を除去する

金属は鉄鋼と非鉄金属に大別されます。さらに、鉄鋼は含有する炭素量が増すほど硬くなり、軟鋼（炭素量0.25％以下）と硬鋼に分けられます。塗装の対象となる鉄鋼のほとんどは軟鋼です。鉄鋼の表面には防錆油や黒皮で保護されています。塗装を行うためには、黒皮を完全に除去する必要があります。

鉄鋼に限らず金属の素地調整は**図2-1-7**に示す脱脂→さび取り→さび止め作業を含みます。脱脂は被塗物を60℃のアルカリ水溶液（NaOH 8 wt%程度）に15分間程度浸せき後、上水で洗浄します。さび取りには各種方法がありますが、ここでは**図2-1-8**に示すバルブや部品を溶接した新規の鋼管について説明します。

❷黒皮を除去する手順

黒皮と赤さびが混在していて、まず、黒皮を取るために図2-1-8（b）に示す手順で酸洗いを行い、水洗後にグリットブラストを行います。図2-1-8（c）に示すように、見るからに活性な表面状態になっており、環境条件にもよりますが、4時間以内に塗装を行うことにします。所定時間以上経過したら、ブラスト処理から再開します。ブラストに使用した研削材のスチールグリット粒子を図2-1-8（d）に示します。なお、この素地調整で溶接の影響は完全に除去されます。

素地調整は被塗物表面をきれいにすることから、クリーンがなまって「ケレン」と呼ばれています。1種ケレンとは、被塗物の鋼材面に研削材を高速で叩きつけるブラスト作業を行うことを意味します。ショットブラストとは微小鉄球を、グリットブラストとは鋼材を破砕した尖った小片を、サンドブラストとはアルミナ粒子をおのおの使用するブラスト法です。小物部材にはアルミニウム（Al）などの非鉄金属がよく使用されます。これらの非鉄金属には脱脂-皮膜化成処理が適します。

塗替えの場合には、旧塗膜を全部はく離するか、劣化した部分のみをはく離するかを取り決めて、ケレン作業の種別を取り決めていきます。経費も考慮し、ケースバイケースの対応が必要です。

図 2-1-7 素地調整

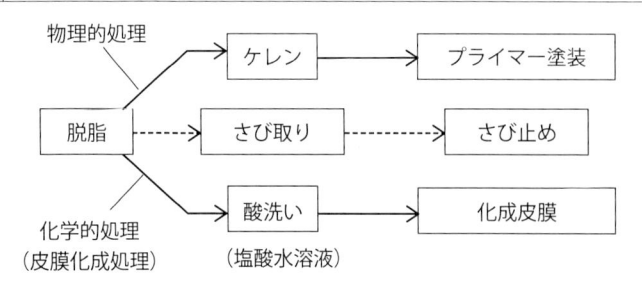

物理的処理 → ケレン → プライマー塗装

脱脂 ┄┄> さび取り ┄┄> さび止め

化学的処理
（皮膜化成処理） → 酸洗い → 化成皮膜
（塩酸水溶液）

図 2-1-8 黒皮付き鋼管の素地調整

（1）硫酸水溶液（約 15%Conc.）に浸せき
温度 50℃、15 分程度
（2）上水で高圧洗浄
（3）50℃の水洗槽（上水）へ 20 秒
（4）エアブロー
（5）グリットブラスト
（6）ブラスト後、4 時間以内に塗付工程へ

（a）溶接が終わった鋼管 　　（b）黒皮除去のための酸洗い工程

1mm
1000.00μm

（c）ブラストが終わった鋼管 　　（d）研削材 - グリット粒子

要点 ノート

素地調整作業は脱脂－さび取り－さび止め作業を含む。ケースバイケースの対応が必要である。

難付着性金属

❶なぜ付着しにくいの？

　難付着性金属といわれるアルミニウム、ステンレス、銅などへは、なぜ塗料や接着剤が付着しにくいのでしょうか？経験則で難付着性であることは知っているものの、合理的に説明しようとすると難しい問題です。

　アルミニウム、ステンレス、銅はその表面に酸化膜や不動態被膜を作り、塗料の官能基が吸着しにくいと考えられます。一方、鉄には空気中の水分が吸着するため、水素結合性の官能基を有する塗料ならばよく付着します。金属表面に-OHの存在、たとえば、Al-OH、Fe-OHなどの減少が付着性不良の原因ではないかと思います。また、銅表面は安定ではない塩基性の膜で覆われています。脆弱な膜ゆえ、その表面に塗装すると付着が良くないと考えられます。塩基性膜という点では、亜鉛も似た性質がありますが、緻密で硬いという点ではアルミニウムに近い挙動を示すとものと考えられます。

❷付着性を良くする

　難付着性金属の付着性を良くするためには、アルミニウムではエッチングプライマーを、ステンレスや銅にはブラスト処理をして不活性な皮膜を除去することが有効です。ステンレスはクロムの酸化皮膜で鉄の腐食を防いでいます。同じクロムでも、亜鉛めっき上のクロメート皮膜は、クロムの水酸化物が主成分であるため、この作用で塗膜の付着性が良いのかもしれません。クロメート皮膜のない亜鉛めっき面には、塩化亜鉛、塩化アンモニウムなどの水溶性物質が存在し、侵入してきた水と反応して、水酸化亜鉛$Zn(OH)_2$を生成します。これが経時でブリスターの核になり、塗膜がめっき層からはがれたりします。

　金属表面に-OHがあるか、ないかが難付着性金属の岐路になるようです。ポリマーとの接着機構を提唱した古典的な研究を紹介します。グレーザーはラングミュア天秤を使用して、図2-1-9に示すように水面上に形成したエポキシ樹脂の単分子膜の張力（接着力と凝集力の和）を測定し、樹脂と水面との接着強度が樹脂中の水酸基含有量にのみ依存することを見い出しました。各種官能基と水との接着力については、すでにロングが計測しており、官能基の種類にかかわらず、接着エネルギーが8～12 kJ/molになることを報告しています。

これらの値は水素結合力の大きさ（20〜50 kJ/mol）に比べて小さいのですが、レベル的には水素結合の形成と考えてよいだろうと結論し、**図2-1-10**に示す接着モデルを提案しました。グレーザー理論によると、付着性の良い金属表面は水と見なすことができ、金属や木材に対するポリマーの接着力は水素結合力に依存します。大まかな付着性理論で言えば吸着説になります。このグレーザーモデルは長い期間にわたって支持されていますが、エポキシ樹脂は水と水素結合を形成しないとか、酸−塩基相互作用力が接着力の本命であるとか、付着理論には諸説あります。

図 2-1-9 | 水界面に形成した単分子膜の接着力の測定原理

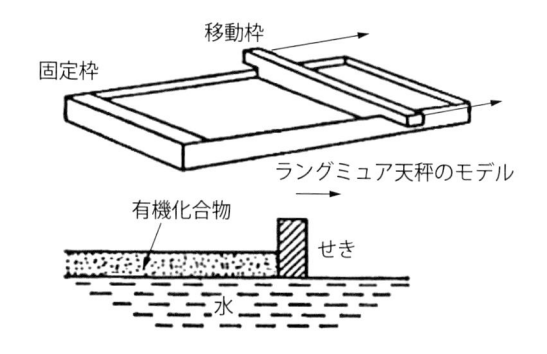

図 2-1-10 | グレーザーが提案したエポキシ樹脂 / 金属界面間の接着メカニズム

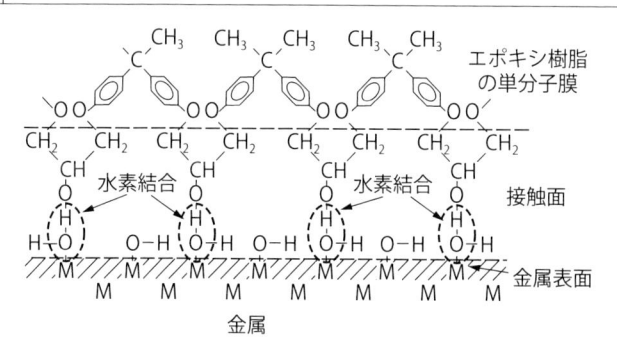

要点 | ノート

金属は高エネルギー表面を有するが、塗料が付着しにくい金属もある。付着しやすい金属表面は水分子で覆われており、−OH の存在が付着性・難付着性の岐路になる。

プラスチック(1)

PPの付着性改良

　我が国のプラスチックの年間生産量は塗料のそれに比べて約7倍大きく、2016年にはピーク（1997年の1520万t）から落ち込み、1,450万tになっています。しかし、世界の生産量は右肩上がりで、2017年には3.2億tになっています。この間、プラスチックに関する話題は海を汚染し、生態系に悪影響を及ぼす微粒子状（5mm以下）のマイクロプラスチックに関するものが多くなっています。2018年6月に開催されたG7首脳会議でも海洋ゴミ問題が取り上げられ、地球環境の問題になっています。生産したプラスチック製品を地球環境に廃棄しない、させないという共通の取組みが必要になっています。ここでは、プラスチックを塗装で蘇らせるという話題にします。

　プラスチック素材は塗料と同じ仲間の高分子材料ですが、包装フィルムから工業部品、大型コンテナー類など必要に応じて、大小、複雑な形状のものまで成形され、必需品になっています。プラスチック自体は着色が可能であり、塗装を必要としないコンテナー類もありますが、パソコン筐体に導電性を付与したり、デザイン上要求される色彩や意匠性、耐候性などの要求に対応するためには塗装がもっとも適切です。車を例に取れば、**図2-1-11**に示すように、外装部品だけでも多種類のプラスチックが使用されています。プラスチック別の生産量推移を見ると、車体ではポリプロピレン（PP）とポリカーボネート樹脂（PC）の伸びが目立ちます。この中で、とりわけ問題になるのはバンパーに使用されている難付着性のPPに対する塗装です。クレージングクラックを生じやすいPCに対する塗装については一工夫が必要ですから、次項で述べます。まず、PPから説明します。

　不活性なPP表面にエネルギー線を照射して活性化する方法も有効ですが、生産ラインでは信頼性と生産効率、コストが優先され、下塗りに付着性を向上させるPP用プライマーを使用する方法が採用されました。どのような機構で付着性が向上したのでしょうか？プライマー用樹脂にはPPと同じメチレン結合（-CH2-CH2-）を有するポリオレフィンを選び、このオレフィン主鎖に塩素（-Cl）、カルボキシル基（-COOH）、水酸基（-OH）などの極性基を適当数、導入します。この極性基を有する塩素化ポリオレフィン樹脂からなるプラ

イマーを塗装すると、**図2-1-12**のような分子配向が考えられ、良好な付着性が得られます。プライマーとPPの分子内にある似たもの同士（極性基と極性基、無極性は無極性分子同士）が選択的によく引き合い、付着性が向上したのでしょう。付着現象を分子間に作用する力から考察する場合、溶解性パラメータ（δ、Sp値を1）分散力、2）双極子間力（極性基効果）、3）水素結合力なる3成分に分割し、付着性との関係を整理するとよいでしょう。

図 2-1-11 | 自動車に使用されるいろいろなプラスチック

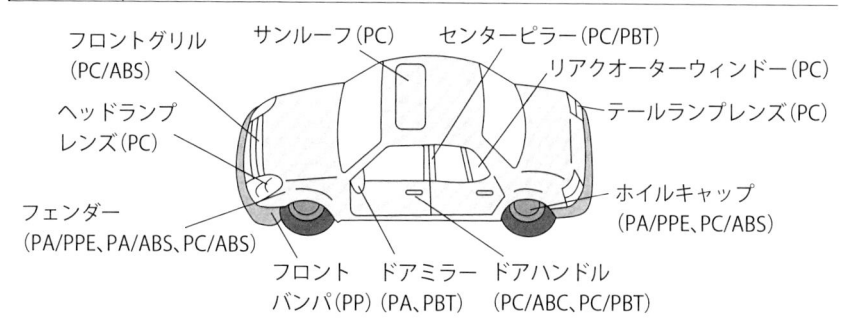

（PBT：ポリブチレンテレフタレート、PPE：ポリフェニレンエーテル、PC/ABS、PC/PBTなどはエンプラ系ポリマーアロイ）

図 2-1-12 | プライマーによる付着性向上機構

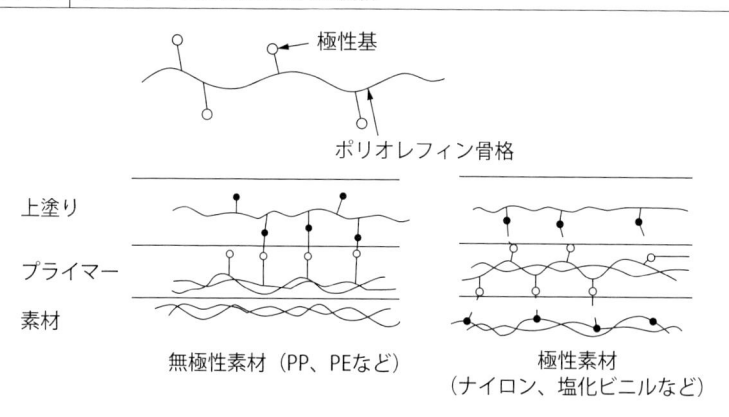

要点 **ノート**

> 塗料と塗装技術はプラスチックの欠点を補ったり、新機能を付与することで製品価値を高めている。

プラスチック(2)

PCに対する塗装

　プラスチックに対する付着性で基本的に大切なことは、①塗料がプラスチック表面をよくぬらすこと、②塗膜とプラスチックの溶解パラメータδが近いことです。また、付着性に及ぼす溶剤の作用はプラスチックに限らず、次のように考えられます。

　1）塗料中のビヒクルポリマーは良溶剤中に溶解している方がよく付着する。

　2）溶剤はゆっくり揮発する（乾燥は遅い）方が付着性は良好になる。その理由は、ビヒクルポリマーの付着活性点を効率よく被塗面に近づけることができること、あるいは拡散層の形成にも有効に作用するためです。

　ビヒクルポリマーの良溶媒（溶剤）はプラスチックのδにも近く、エッチング作用が大きいと考えられます。著者は、プラスチックの付着性に及ぼす溶剤のエッチング作用を明らかにする目的で実験を行いました。クレージングクラックを生じなかったABSを用い、エッチング作用をする酢酸ブチル（以下、エステルと略す）の配合割合を一連に変えた2種の白エナメルについて、プルオフ付着強さを測定しました。エステルは塗料用樹脂に対しても良溶媒です。結果は予想通り、**図2-1-13**に示すようにエステル含有率が高くなるほど付着強さが上昇しました。同時に、ABSの脱着面をSEM観察すると、エステル含有率が高くなるほどABSの凝集破壊層が拡大していることがわかりました。溶剤のエッチング作用でビヒクルポリマーとABSは拡散しやすくなり、付着強さが向上したと考察できます。

　一方、クレージングクラックを発生するPCでは、エッチング作用をする溶剤を多く含有する塗料ほどPCの割れが顕著です。なお、クレージングクラックとは、塗装時に、プラスチック表面に小さな亀裂が入る現象です。PCの成型時に発生した収縮ひずみに起因する熱応力がPCに残留しています。この状態のPCに塗装すると、シンナー中の良溶媒が被塗面を溶解し、局部的な引張り力が作用するために割れます。エッチング作用をしない溶剤組成を考えなければいけませんが、良好な付着性が必要です。どのような考えで塗料を設計したらよいでしょうか。付着性の観点からは、付着活性点同士の引力を増大させ、分子間力が大きく作用するようにビヒクルポリマーを設計します。エッチ

ング作用の小さい溶剤組成にして、かつ、揮発速度を上げることが大切です。

2液型ポリウレタン樹脂塗料で行った事例です。ポリオールの-OHと-COOHの数を増やし、クレージングクラックを防止できるシンナー組成にして、この問題を解決しました。シンナー組成の一例を図2-1-14に示します。ウレタン用シンナーにアルコールを使ってはいけないと思っている方に取っては意外かもしれませんが、図2-1-14（2）のアルコール成分であるダイアセトンアルコール（DAA）は3級炭素に結合している-OHであり、-NCOとほとんど反応しません。

図2-1-13 プルオフ付着強さに及ぼす溶剤のエッチング作用効果

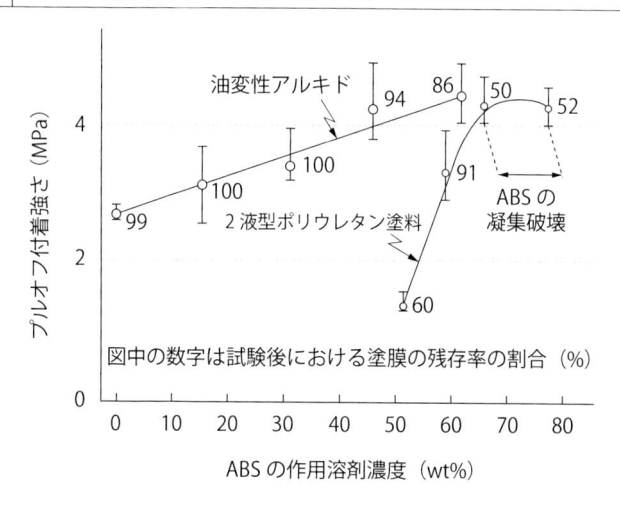

図2-1-14 クレージングクラックに及ぼすシンナー組成の影響

溶剤名	配合(wt%)
トルエン（希釈剤）	59
酢酸エチル（真溶剤）	20
酢酸ブチル（真溶剤）	20
シクロヘキサノン（助溶剤）	1
合計	100

（a）クレージングクラックを生じるシンナー

溶剤名	配合(wt%)
キシレン（希釈剤）	50
酢酸エチル（真溶剤）	20
ダイアセトンアルコール（助溶剤）	15
セロソルブアセテート（助溶剤）	15
合計	100

（b）クラックを防止したシンナー

要点 ノート

クレージングクラックを起こすプラスチックもある。その時には基本的な付着性の概念を超えた塗料設計が必要になる。

コンクリート

　セメントは人類が発明した物質の中でもっとも偉大で、長い歴史をもちます。セメントが発明されたのは約9000年前の石器時代です。どこにでもある石灰石と粘土を混ぜ、焼くことで水に溶け、しばらくすると再び固まる石を発見しました。これがセメントの発明です。

　コンクリートとは図2-1-15に示すように、セメントという粉に水、骨材（砂、砂利など）を練り混ぜ、型枠に詰めて硬化させた成型物であり、容易に成型できる人工石です。セメントと砂（粒径5mm以下の細かい骨材）を水で練り合わせたものをモルタルと言い、コンクリート表面をコテ付けして仕上げたり、木造住宅の外壁にモルタルガンで吹付けたり、タイルの貼り付け（接着剤用途）にも使用します。

　ところで、セメントは水と反応し、水酸化カルシウムを生成して固まります。固まったセメントは強アルカリ性（pH12-13）を示し、この状態で安定した無機物になります。塗装可能となるコンクリートの含水率は約10%ですが。大体の目安は型枠を取り除いてから約1カ月間、屋外で放置すれば、コンクリートの強度も含水率も適切な範囲に入るようです。

　当初、コンクリートビルは半永久的で、塗装しなくても耐久性には影響しないという認識をもっていました。ところが、ビルやマンションの乱立でコンクリートの質が低下したのでしょうか？　コンクリートの劣化が至る所で見つかりました。主な劣化現象は図2-1-16に示すひび割れや爆裂です。塗装をしないコンクリート表面は空気中の炭酸ガスや水により中性化します。中性化作用と海砂の使用で鉄筋はさび、この膨張作用でコンクリートは爆裂します。

　1955年以降、耐アルカリ性の良いエマルション塗料や、塩化ゴム系、エポキシ樹脂系の塗料が開発されるに従い、屋外にさらされるコンクリート構造物（躯体）の寿命は驚くほど伸びました。躯体が割れても塗膜が割れないという性能が望まれ、次の塗装系が開発されました。

①2液型エポキシ樹脂パテとガラス繊維による下地付けで、素地ごしらえ
②下塗りにエポキシ樹脂系塗料、中塗り、上塗りにエポキシ樹脂と相性の良い
　ポリウレタン樹脂系塗料を塗る

　しかし、この塗装系では仕上がりが遅く、採算が取れません。そこでセメントと各種合成樹脂を混合した弾性のあるセメントフィラーなるものが開発されました。コンクリート壁面全体にコテかヘラで地付けされ、平滑に仕上げられたコンクリート外壁には、塗料仕上げの他、いろいろな模様を付与できる仕上塗材_{ぬりざい}が採用され、環境整備や高級化に貢献しています。

図 2-1-15 コンクリートの原料と RC づくりの構造

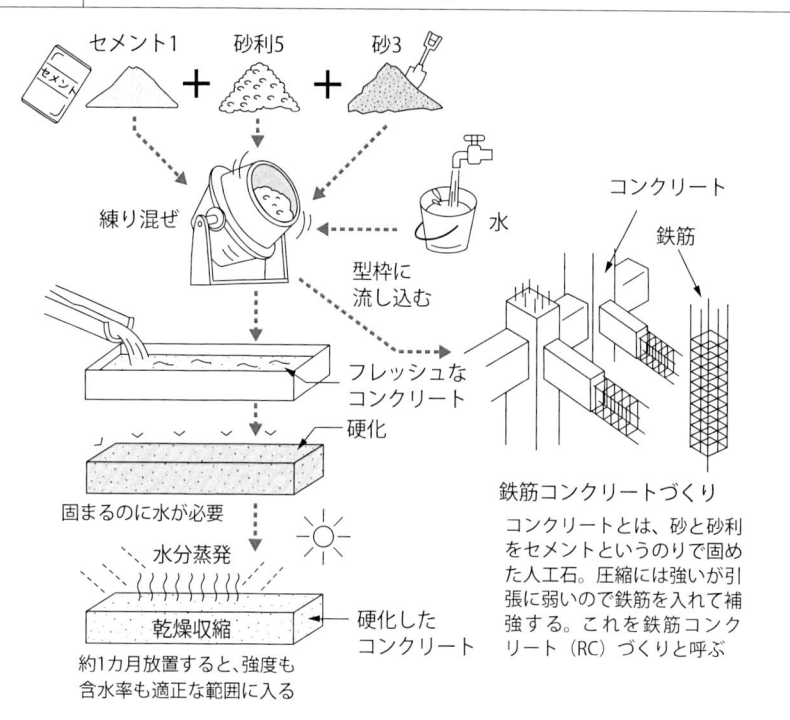

鉄筋コンクリートづくり

コンクリートとは、砂と砂利をセメントというのりで固めた人工石。圧縮には強いが引張に弱いので鉄筋を入れて補強する。これを鉄筋コンクリート（RC）づくりと呼ぶ

図 2-1-16 コンクリート構造物の劣化現象

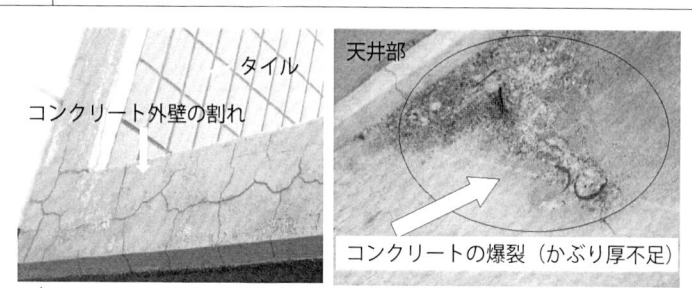

第1条：塗装できる環境を整える

塗装室の清掃と防塵対策は大切です。塗装面にゴミが付いていたり、小穴やはじきなどがあったりしたら完成とは言えません。塗装作業におけるぶつ対策を次に示します。

❶静電気対策（図2-2-1）

物と物とが接触するだけで、静電気が発生し、ぶつの原因となるチリやホコリを塗装面に呼び込むことになるので、静電気の発生を防止することが大切です。静電気防止対策として、次のことを心がけましょう。①低湿度（70％以下）にしないこと、②通電性のある衣服と靴を着用すること、③被塗物を帯電させないように塗装室内の空気をイオン化させること。

被塗物が電気絶縁性の場合、アースできないので、電荷のシャワーであるイオン化した空気を吹きかけるとよいでしょう。局部方式は図2-2-2（a）に示すように、電極針（コロナピン）に交流電圧をかけて、プラスとマイナスの両イオンを交互に発生させます。単位時間当たりに発生させるイオン量は直流電圧方式に比べて少なく、除電速度は遅くなりますが、静電気対策には有効です。

塗装ブースでは一般に直流電源を使用し、図2-2-2（b）に示すように7〜10秒ごとに極を切り替え、ブース内の空気を両イオンで満たします。ぶつの原因になる浮遊粒子は＋、−のどちらに帯電しているのかわからないので、反対電荷を吸引し、空気の流れに乗って排気されるようにします。被塗物に付着した粒子を除去するのは困難ですから、−帯電しやすいPPブラシを被塗物表面に接触させて拭き取るワイピング方式が効果的です。＋帯電している微細な繊維ゴミが多いからです。

❷空気の流れを作る（図2-2-2（c））

一般に、塗装ブースでは上部から空気を取り入れて、その空気を床下へ排気しています。この時、空気の排気量を少なくすれば、塗装スペースは周りより若干、加圧でき、ぶつ対策になります。また、イオン化空気が効率良く流れるように流速調整を行います。

図 2-2-1 静電気を防ぐ方法

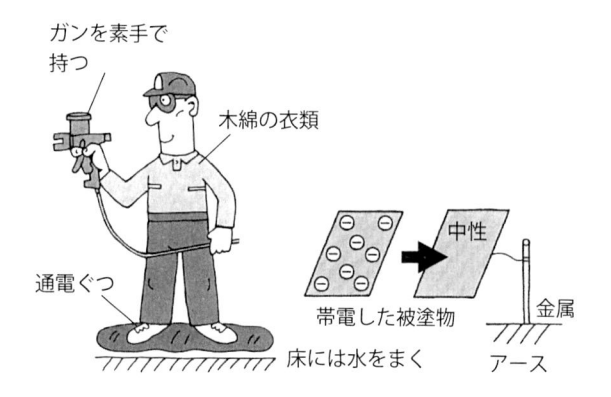

図 2-2-2 ぶつ対策

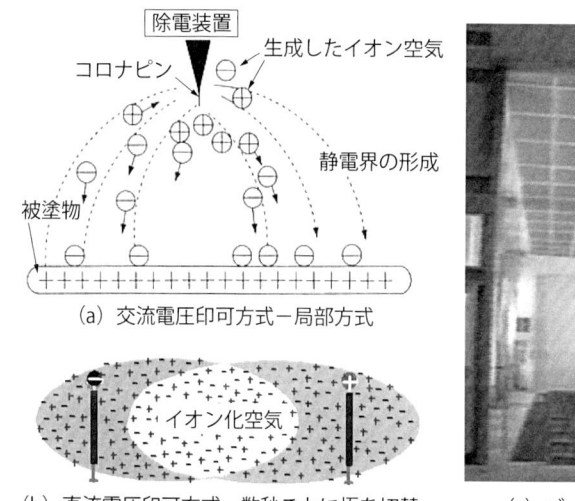

(a) 交流電圧印可方式－局部方式

(b) 直流電圧印可方式－数秒ごとに極を切替、
塗装室全体をイオン化空気で満たす

(c) ブース内部での空気の流れ
（吸気量＞排気量）

要点 ノート

ぶつ対策として静電気を発生させないこと、イオン化した空気の流れを作ること、ブラシによるワイピングが効果的である。

第2条：塗装作業の段取りをする

❶段取りの3要件

　塗装作業の段取りとは、次に示す3つの要件を行うことです。
　①目的に合った塗装系の選択・・・良い材料
　②適切な塗装仕様の採用・・・・・良い設計
　③十分な作業管理・・・・・・・・良い管理

　塗装系、並びに塗装仕様については本章の3節で具体的に説明します。ここでは、屋外で使用する金属製品の塗装仕上げ（パーツ塗装）を受注した場合を想定し、どのように段取りをするかを考えてみます。素地鋼板の脱脂−化成皮膜処理は同一です。3種の特徴ある仕上げ方の塗装系と仕様を**表2-2-1**に示します。表中（a）、（b）、（c）のいずれの方式でも、お客様の指定する試験項目に合格していますから、塗装担当側はどの方式で塗装するかを決めることになります。現有設備に液体塗料の焼付け塗装ラインがあれば、表中（a）を選ぶことが普通です。（b）、（c）は環境対応を重視した時の対応を示していますが、塗装コストを考えたら1回塗りで仕上がる（b）の粉体塗料が有効です。（c）の特徴は高度な防食性が得られることです。このような観点から評価し、そのまとめを**表2-2-2**に示します。著者の短絡的な見方ゆえ、（a）、（b）、（c）方式の評価結果は同じになりました。

❷良い管理

　重点項目を環境対応にすれば、（b）方式が選ばれますが、長期防食性能に不安な要素が含まれます。そこで、塗料メーカーはこの点を重視し、粉体塗料の開発を進めています。粉体塗料焼成後に、粉体塗料成分のエポキシ樹脂が素地鋼板側に、ふっ素樹脂が表層の空気側に配向するように設計しています。そのためには上記③の"良い管理"が大切になります。粉体塗料の焼付け時に温度ムラがあると、望んだ樹脂配向が達成できません。"良い管理"は塗装作業のどの工程においても必要ですから、Key pointの項目を抽出し、管理して行きます。

　屋外用途の金属製品であるため、塗膜の劣化、さびの発生、光沢、色の変化などの耐候性に関する性能が重視されます。塩水噴霧試験機や促進耐候性試験

機での品質試験に合格しているのであれば、塗装作業時には、出荷時の目標品質に到達できるように適切に管理することが必要です。決められた試験項目に対するチェックには細心の注意を払います。

表 2-2-1 | 金属（鉄鋼）製品の焼付け塗装の仕上げ方法

<table>
<tr><th colspan="2"></th><th colspan="3">塗装系の特徴</th></tr>
<tr><th rowspan="2">工程</th><th>採用塗料
塗装、
焼付回数</th><th>(a) 溶剤型塗料
2コート1ベーク</th><th>(b) 粉体塗料
1コート1ベーク</th><th>(c) 電着塗料
2コート2ベーク</th></tr>
<tr><td>素材</td><td colspan="3">冷間圧延鋼板または亜鉛めっき鋼板</td></tr>
<tr><td colspan="2">前処理</td><td colspan="3">リン酸亜鉛化成処理</td></tr>
<tr><td rowspan="4">下塗り</td><td>樹脂タイプ</td><td>エポキシ樹脂系</td><td>−</td><td>エポキシ樹脂系</td></tr>
<tr><td>膜厚</td><td>15〜25μm</td><td>−</td><td>15〜20μm</td></tr>
<tr><td>塗装方法</td><td>自動静電</td><td>−</td><td>カチオン電着</td></tr>
<tr><td>乾燥</td><td>ウェットオンウェット</td><td>−</td><td>160〜180℃×20分</td></tr>
<tr><td rowspan="4">上塗り</td><td>樹脂タイプ</td><td>焼付けアクリル樹脂系</td><td>ポリエステルまたは焼
付けアクリル樹脂系</td><td>焼付けアクリル樹脂系</td></tr>
<tr><td>膜厚</td><td>25〜35μm</td><td>40〜50μm</td><td>25〜35μm</td></tr>
<tr><td>塗装方法</td><td>自動静電</td><td>自動静電</td><td>自動静電</td></tr>
<tr><td>乾燥</td><td>150〜160℃×20分</td><td>160〜180℃×20分</td><td>150〜160℃×20分</td></tr>
</table>

2コート1ベーク：2回塗り（ここでは下塗りと上塗り）して、焼付けは1回
1コート1ベーク：塗り1回、焼付けは1回

表 2-2-2 | 3種の仕上げ方法の評価

	(a)	(b)	(c)
環境対応	3	1	2
コスト	1	2	3
品質・性能	2	3	1
合計	6	6	6

（a）溶剤型塗料　（b）粉体塗料　（c）電着塗料

要点 ノート

受注する塗装製品ごとに数量、性能や単価などが異なる。生産実績を整理し、塗装作業の段取りに結びつけることが大切である。

第3条：塗装系の原則を守る（1）

　塗装系の選択（上塗りの種類）は下塗り塗料で決まります。**図2-2-3**に示すように、下塗りにチョコを選んだら上塗りもチョコになります。一方、下塗りにクッキーを選んだら、上塗りはチョコでもクッキーでも自由に選択できます。やってはいけない組み合わせは、上塗りクッキー/下塗りチョコです。また、本章の3節に示す塗装系の経験則では、「下に塗るものほど顔料や充てん材（固体粒子）を多くしなさい」と解説しています。このことは、重ね塗りをされても、下塗りは動かないように設計しなさいと諭しています。これが多層系の塗り重ねの極意だと言われても、その原理が思いつきません。

❶塗り重ね欠陥

　古来より、塗り重ね欠陥には、割れとシワがあります。しわは下塗りがクッキーで、クッキーが半硬化状態の内に上塗り（チョコでもクッキーでも可）した時に起きます。いわゆる「膨潤現象」です。一方、割れは上塗り（チョコでもクッキーでも可）の溶剤が下塗りに浸透し、上塗りは乾燥を開始する過程で起きます。この時、上塗り塗膜は体積収縮し、収縮力が引張り力として作用します。下塗りが動きやすいほど、割れ現象は顕著になります。ただし、割れるための条件は収縮応力＞抗張力です。一般に、塗膜の抗張力の方が収縮応力よりも大きいから、チョコ/チョコの組み合わせで割れたりしません。しばしば劣化した塗膜で割れが出るのは、抗張力が低下し、収縮応力＞抗張力になったからです。

❷塗り重ねによる割れ

　塗り重ねによる割れには、下塗り塗膜の動きやすさが関係していることを実験で確認したいと思います。上塗りにはチョコタイプの割れ目塗料（収縮応力＞抗張力）を使用し、下塗りには焼付け塗料であるアミノアルキド白エナメル（市販品）を使用しました。この白エナメルの標準焼付け条件は140℃/20分ですから、室温～70℃で乾燥させても未硬化状態であるため、上塗りの溶剤でチョコタイプと同様に動きます。動きやすさは乾燥温度に関係し、室温より70℃で乾燥した（樹脂成分の一部が反応）方が動きにくくなります。動きやすさの異なる2種の下塗りエナメルに割れ目塗料を上塗りした結果を**図2-2-4**

に示します。室温乾燥した塗膜は動きやすいので上塗りにより対流が発生していますが、割れ目ではありません。割れ目は下塗りが動きやすくなるに従って大きくなります。割れ目塗料は1/4秒硝化綿（ニトロセルロース）をビヒクルとし、充てん材としてSiO_2と$CaCO_3$を60wt%含有し、染料着色しています。配合の詳細については文献（「塗料と塗装のトラブル対策」日刊工業新聞社、2015）を参照してください。

　図2-2-4に示す塗装系はチョコ/チョコの組み合わせであり、この組み合わせをやってはいけないと勘違いをしないでください。次に示す条件を満たした時には、上塗りがチョコ、クッキーにかかわらず割れが発生します。
(1) 下塗りが上塗りの溶剤で動くこと。クッキーであれば動かない。
(2) 上塗り塗膜の収縮応力>抗張力であること。

図 2-2-3　塗装系の原則

	×	○	○
上塗り	クッキー	クッキー、チョコ	チョコ
下塗り	チョコ	クッキー	チョコ

図 2-2-4　上塗り塗料の割れ目サイズに及ぼす下塗り塗膜の可動性

下塗りの乾燥条件 RT（室温）18H　　　RT（室温）18H → 70℃/4H

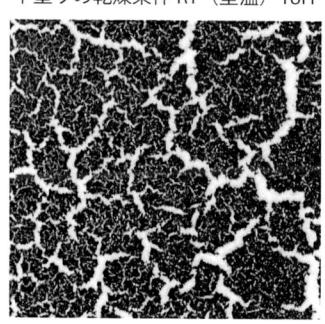
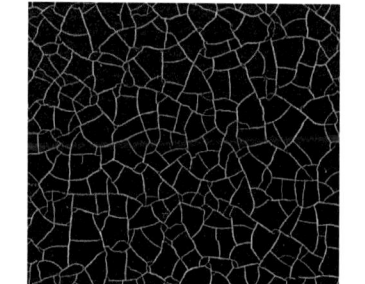

下塗りの可動性　　　　大　　　　　　　　　　　　小

要点　ノート

経験則として下塗りは動かないように設計されてきたが、それは多層系塗膜の割れ防止を考慮した妙技である。

第3条：塗装系の原則を守る(2)

　前項でやってはいけない塗装系は、上塗りクッキー/下塗りチョコの組み合わせだと記しましたが、なぜ、この組み合わせ系だけが悪いのか、説得力がありません。本項では、上塗りクッキー塗膜の収縮応力＜抗張力の場合でも割れが発生した事例を紹介し、図2-2-3に示す結論を得た妥当性を説明します。

❶意匠性の付与

　プラスチック塗装の目的の1つは意匠性の付与で、携帯電話の筐体に使用されるPC/ABS素地の塗装には、下塗りとしてチョコタイプの硝化綿（NCと略、パールやメタリックなどの光輝性や意匠性を付与）が、上塗りにはクッキータイプのUVクリヤが使用されていました。品質検査では、常温でゴバン目試験や耐水性、耐薬品性試験を行い、異常がなければ、冷熱サイクル試験（-30 ⇄ 70℃、各1時間、5サイクル）を行い、割れやはがれが発生するかどうかを調べます。この時に起きた現象は次のようです。

　冷熱サイクル試験で、室温から-30℃への冷却過程では割れなかったのですが、70℃に加熱する過程で、**図2-2-5**に示すようにゴバン目を切った線を起点にして塗膜に割れが生じました。70℃に保持していると、割れ以外にしわになる部分もありました。

❷割れの原因解明

　一般に、UVは体積収縮が大きく、厚塗りすると低温側で割れやすいが、このように加熱によって割れることは考えにくいことです。原因解明として、遊離塗膜の動的粘弾性の温度依存性を測定しました。下塗りNC、上塗りUV塗膜の動的弾性率E'（ヤング率と同じ）の温度曲線を**図2-2-6**に示します。

　何と、NC塗膜は70℃付近で流動が始まっています。下塗りはもっとも動きやすい状態です。注目すべきもう1点は、ゴバン目を切った線を起点にして塗膜が割れていることです。要は、昇温過程で上塗りに引張り力が作用し、下塗りのチョコが動いたため、収縮応力＞抗張力でなくても、割れるということです。では、なぜ、UV塗膜に引張り力が作用したのでしょうか。引張り力の原因はUV塗膜の体積収縮に起因します。収縮応力＝（塗膜のヤング率）×（収縮ひずみ）になります。UV塗料の塗装は、溶剤で希釈してスプレーで行われま

した。昇温過程で僅かな溶剤の離脱でもあれば、ヤング率は高いので収縮による引張り力が発生します。この力がゴバン目試験の切れ線に集中し、割れるには絶好の条件が揃ったのか、偶然との遭遇かもしれません。

　以上のように、下塗り塗膜が流動状態になるのはチョコの特徴であり、上塗りクッキー／下塗りチョコの組み合わせはやってはいけない塗装系だと結論しました。下塗りをクッキー（2液型ポリウレタン塗料）に変更すると、冷熱サイクル試験で異常が出ませんでした。塗装系の原則は守るべしです。

図 2-2-5　冷熱サイクル試験で発生した割れとしわ

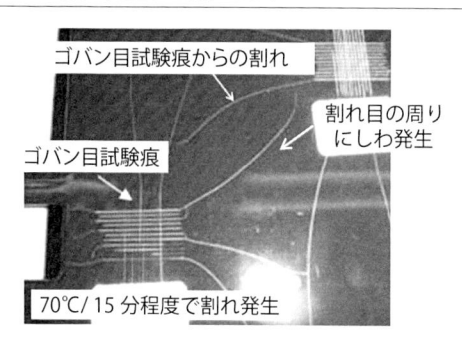

図 2-2-6　単層塗膜のヤング率の温度分散曲線

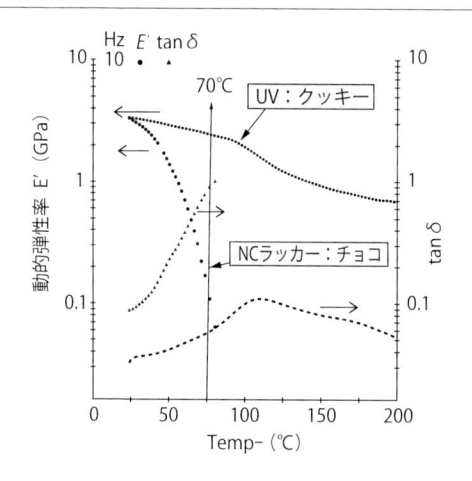

要点　ノート

下塗り塗膜が流動状態になるのはチョコの特徴であり、チョコが流動状態の時に、上塗りのクッキー塗膜に収縮による引張り力が発生すると、割れる場合がある。

第4条：塗装工程を確立する

　塗装工程の確立は塗装作業の基本です。木製ボード床材の塗装ラインで、目やせのために外観試験で不合格になった事例を取り上げ、塗装工程を確立することの重要性を説明します。木工塗装では、「塗りは木地なり」と言われており、この基本が身に沁みます。

❶床材の鏡面仕上げ

　床材の鏡面仕上げを**図2-2-7**に示すように行いました。被塗物はMDF（ファイバーボードの1種）で、これに意匠性のある印刷フィルムを貼り付け、塗装仕上げを厚膜塗装ができるUVのみで行いました。塗装直後は、**図2-2-8**（a）のように高い鮮映性を示していましたが、数カ月経過後に、図2-2-8（b）のように蛍光灯の写像がゆがんできました。経時で塗装面に凹凸が現れ、鮮映性が低下したのです。このような現象は、膜厚方向に1 μm程度の凹凸があれば生じるもので、塗膜の目やせが原因と考えられます。

　図2-2-8（c）のような凹凸のある素地にUV塗料が厚塗りされ、塗装初期には平滑に仕上がりましたが、塗膜は経時で3％の体積収縮を生じたとします。膜厚方向での寸法変化は1％と見積もられ、膜厚大なる部分（200 μm）と小なる部分（100 μm）では収縮ひずみがそれぞれ2、1 μmとなります。それゆえ、塗膜表面層は図2-2-8（d）、（e）のように経時で素地の凹凸に従って変形します。その結果、写像に反映したと考えられます。UVコートは厚膜ゆえに、僅かに収縮しても鮮映性は低下しないと考えたのか、経時変化を確認していなかったためかもしれません。印刷フィルム面を貼り付ける前に、素地面を平滑にする作業がないと、このような欠陥を生じます。

❷ピアノの鏡面塗装仕上げ

　ピアノの鏡面塗装仕上げの塗装工程をコラム欄（98、144ページ）に紹介しているので、参照してください。塗り工程と研磨工程が何回も繰り返され、丁寧に下地作りがされています。合理化はされていますが、それでも研磨工程が5回と磨き工程が1回あり、これらに費やされる作業時間は全工程の60％以上を占めています。それゆえ、ピアノの鏡面塗装仕上げは何十年経過しようが、鏡のように写像は鮮明です。

図 2-2-7 | 鏡面塗装仕上げ床材の断面

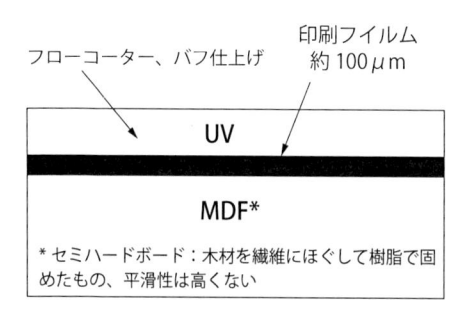

フローコーター、バフ仕上げ
印刷フイルム 約 100μm

UV

MDF*

＊セミハードボード：木材を繊維にほぐして樹脂で固めたもの、平滑性は高くない

図 2-2-8 | 鏡面仕上げ塗装面の写像性

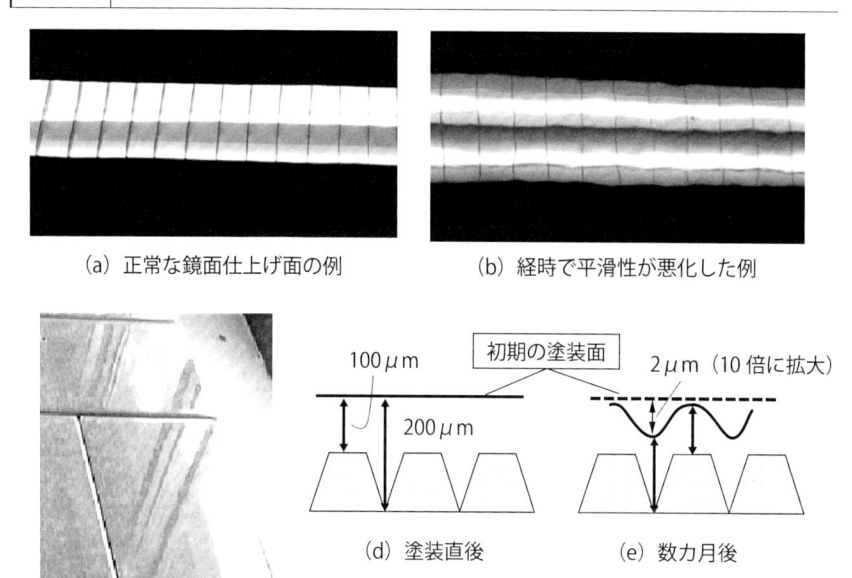

（a）正常な鏡面仕上げ面の例

（b）経時で平滑性が悪化した例

（c）実際のフロア面 - 数カ月後

100μm　初期の塗装面　2μm（10倍に拡大）

200μm

（d）塗装直後

（e）数カ月後

要点 ノート

塗装設計をする時に、被塗物の状態をしっかり確認することが大切である。その上で、塗装系の選択と同時に塗装工程を確立し、試作をしながら仕様を決める。

第5条：塗料配合の原則を守る（1）

❶塗料調合時の注意点

塗料の調合時に気をつけることは次のことです。

①専用シンナーを使用すること

②主剤と硬化剤の配合比を守ること

③適切な粘度に調整すること

④塗料はろ過してから使うこと

⑤硬化剤を混合して貯蔵しないこと

塗料配合は重量で、メーカー指定の割合で混合してください。その理由は**図2-2-9**に示すように、ジャングルジムを作るパイプ（主剤）とこれらを止める金具（硬化剤）に例えて考えるとわかります。どちらも必要な数だけ無いと、丈夫なジャングルジム（塗膜）を作ることができません。

以下に、①、②、⑤が塗料配合の原則になる理由を説明します。問題点を鮮明にするために、Q&A方式をいくつか設定しました。

質問1 購入塗料メーカーの指定する専用シンナーを使ってくださいと言われるが、その理由を知りたい。

答1 専用シンナー以外のラッカーシンナーで2液型ポリウレタン樹脂塗料を希釈すると、次の問題が生じます。

ラッカーシンナーには通常アルコールが数%混合されています。このアルコールが硬化剤（ポリイソシアネート、-NCOを数多く持った化合物）と化学反応し、図2-2-9（b）と同様な、金具が不足したジャングルジムを作ることになり、耐アルコール性の悪い、脆い塗膜になります。また、ポリウレタン樹脂塗料と言っても、金属、木工、プラスチック用で配合する樹脂組成が異なるから、良い塗膜に仕上げるためには各塗料に適するシンナーの溶剤組成も異なります。

質問2 ところで、どのようにしてシンナーの溶剤組成を決めていますか。

答2 一般に、シンナーの溶剤組成は真溶剤、助溶剤、希釈剤の組み合わせからなります。これらは塗膜主成分である樹脂を溶かす溶解力で分類され、真溶剤とは単独で樹脂を溶かすことができる溶剤で、溶かす力のない溶剤を希釈剤ま

たは非溶剤と呼んでいます。助溶剤とは，溶解力が真溶剤と希釈剤との中間くらいで，単独ではポリマーを溶かすことができないものを言います。

　次項でも述べますが、専用シンナーは該当塗料に対して、溶解力と蒸発速度を調整し、本章64頁に示す付着性に及ぼす真溶剤の濃度も考慮しています。〔以下、次項へ〕

図 2-2-9 | 大切な混合比

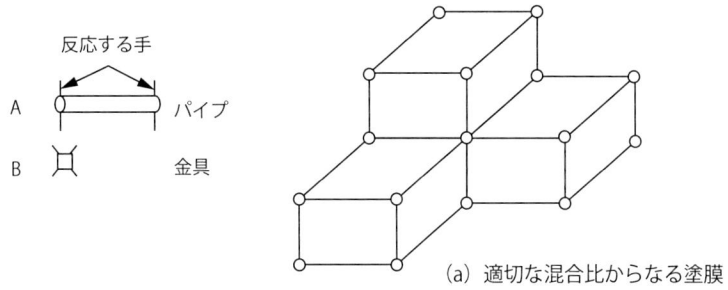

(a) 適切な混合比からなる塗膜

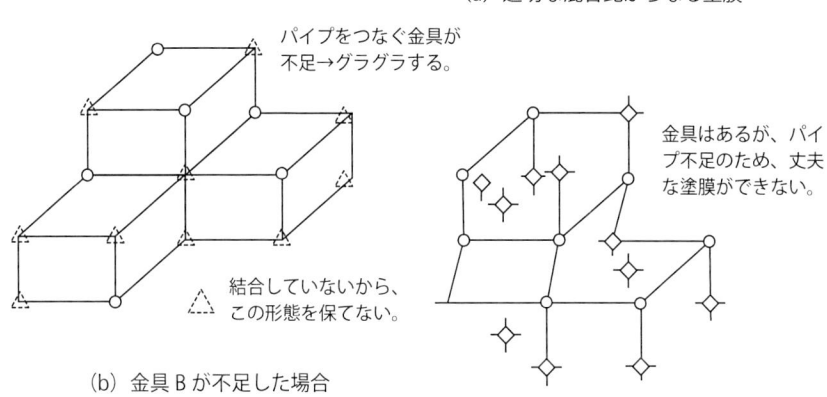

(b) 金具 B が不足した場合

(c) パイプ A が不足した場合

要点｜ノート

塗料配合で大切な点は、塗装方法に適する粘度に調整することと、2 液型塗料であれば、主剤と硬化剤の混合比率を守ることである。

第5条：塗料配合の原則を守る(2)

❶シンナーの溶剤組成

シンナーの溶剤組成を決めるには、溶解力が基本になるので、真溶剤に対してどれだけの量の希釈剤が混合できるかを測定します。試験方法の一例を図2-2-10に示します。真溶剤に溶かした樹脂溶液5mlを三角フラスコに採取し、ビュレットで希釈剤を滴下していくと、溶液は次第に白濁し、フラスコの下に敷いた新聞紙の文字が読取れなくなります。この時の滴下量を終点として希釈率（希釈剤量／真溶剤量）を求めます。溶剤の混合は重量で行うため、得られた体積比を重量比に換算します。もちろん、この試験結果だけでシンナーの溶剤組成を決めることはできませんが、溶解性の目安として、必要なデータになります。専用シンナーは揮発（蒸発）のどの段階でも、希釈率（希釈剤／真溶剤）がほぼ一定になるようにシンナー組成が工夫されています。

❷シンナーの蒸発速度

シンナーについては、もう1点注意ポイントがあります。速乾、標準、遅乾タイプが市販されています。この使い分けは外気温度によります。外気温度が異なっても、シンナーの蒸発速度がほぼ等しくなるように設計されています。速乾、遅乾タイプはそれぞれ外気温度が10℃以下、30℃以上を対象にしています。標準タイプは20℃を基準にしており、適用温度範囲を広げて、できるだけ標準タイプのみですむようにしています。梅雨時には気温が30℃以下であっても、湿度が80％以上であれば遅乾タイプの使用をおすすめします。

②主剤と硬化剤の配合比を守ること

塗装する直前に主剤と硬化剤をメーカー指定の割合で混合しましょう。その理由は前項の図2-2-9で説明しました。

⑤硬化剤を混合して貯蔵しないこと

塗装直前に、必要量だけを調合することを心掛けましょう。

主剤と硬化剤を混合すると図2-2-9に示すジャングルジムを形成する化学反応が始まり、経時に伴い、増粘し（分子量の増大）、固まってしまいます。これをゲル化と言います。増粘するとスプレー時に糸引きが出たり、レベリング（平坦化）が悪くなったり、ピンホール、ゆず肌などの欠陥現象が発生しま

す。このような塗装の不具合が生じない時間範囲をポットライフ（可使時間）と言います。ポットライフは塗料の種類や温度、湿度によって異なりますが、約20℃での大まかな目安を**表2-2-3**に示します。

　不飽和ポリエステル樹脂では約30分と短いので塗装直前に調合し、塗装後はガンや刷毛の洗浄を速やかに行うことが必要です。

図2-2-10 希釈率の試験法

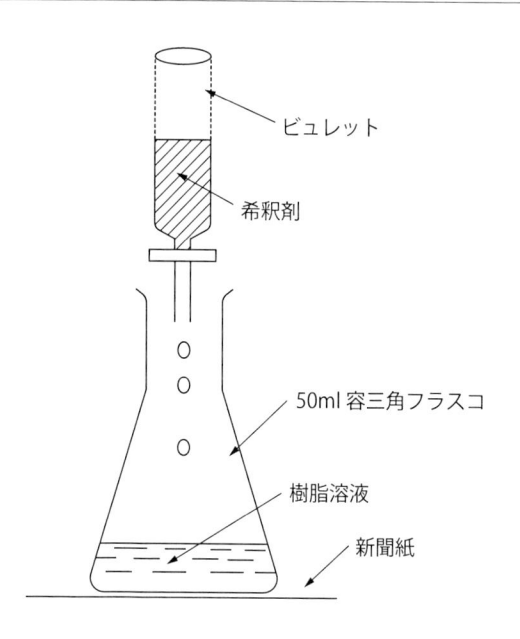

ビュレット

希釈剤

50ml 容三角フラスコ

樹脂溶液

新聞紙

表2-2-3 クッキータイプ塗料のポットライフ

塗料	ポットライフ（H）
不飽和ポリエステル樹脂	0.5
2液型ポリウレタン樹脂	3
2液型エポキシ樹脂	4

要点　ノート

専用シンナーの設計ポイントは、乾燥過程で希釈剤／真溶剤比がほぼ一定していることと、外気温が変化しても蒸発速度がほぼ等しいことである。

第6条：塗りの極意を守る

　極意とは、特別なことではありません。準備、素地調整に始まり、後片付け、環境対策に至るまでの、すべての工程を正しく行うことです。①作業前後の清掃をしっかり行うこと、②素地調整は仕様に忠実に、③塗料はろ過してから使うことを基本にしてください。

❶塗装時に注意すること（図2-2-11）。

　①粘度管理を忘らないこと：塗装に適する粘度に調整しないと、タレやスケ、ゆず肌などの欠陥が発生しやすくなります。エアスプレーの場合には、図（a）に示すように、イワタカップで約12秒に調整します。ただし、厚塗りをする不飽和ポリエステルやサンディングシーラでは14秒以上にします。要は使用する塗料で落下秒数を決めて、その粘度を守ることが大切です。夏場でも冬場でも塗料粘度は同じに調整します。

　塗装方法が異なれば、適合する塗料の粘度も変わります。**表2-2-4**に塗装方法と粘度範囲の目安を示します。

　②一度に厚塗りしないこと：厚塗りすると、たれやすくなり、塗膜になってもシンナーが残留するため長時間経過しても硬い塗膜にならないことがあります。

　③塗膜が十分に乾燥してから塗り重ねること

❷乾燥時に注意すること（図2-2-12）

　①急激な乾燥をしないこと：塗装後に急激に加熱すると、あわ、ふくれ、ピンホールなどの欠陥が生じやすくなります。適切な乾燥条件を決めて、これを守ってください。

　②通気・換気を忘らないこと：乾燥場所では通気性を良くし、揮発した溶剤成分が滞留しないように必要に応じて換気することが大切です。通気・換気を怠ると乾燥不良が生じやすく、火災の危険性も高まります。

　③マスキングテープは指触乾燥になるまではがすな！なったらはがせ！

　④磨き（ポリッシング）仕上げは良く乾燥してから行うこと。

　⑤不粘着性を確認すること：手板を製品と同時に塗装し、この手板で粘着しないことを確かめてから（不粘着性試験を行ってから）、出荷する。

図 2-2-11 | 塗装時に注意すること

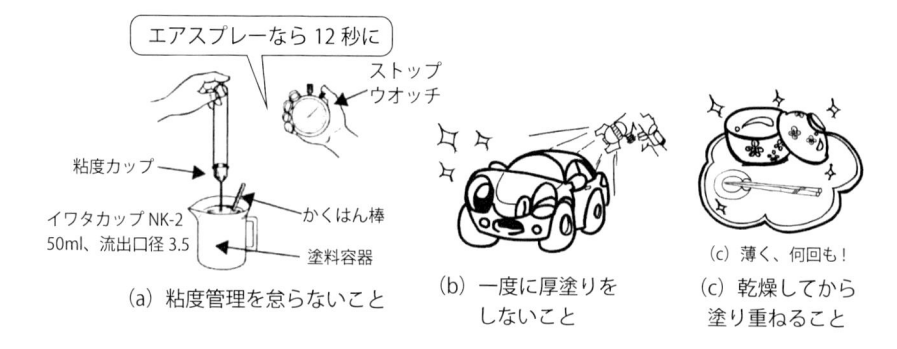

（a）粘度管理を怠らないこと

（b）一度に厚塗りを
しないこと

（c）乾燥してから
塗り重ねること

表 2-2-4 | 塗装方法による適合粘度範囲と塗着効率

塗装方法	塗料粘度比[*]	塗着効率（%）
エアスプレー	1	30
静電スプレー	2-3	80
カーテン、ロールコーター	3-10	90
エアレススプレー	3-30	65
刷毛塗り、ローラ塗り	10-30	80
浸せき塗り（Dipping）	60-300	90

[*]エアスプレーの粘度を30mPa・s（クリヤに相当）として、この値を1とした。

図 2-2-12 | 乾燥時に注意すること

 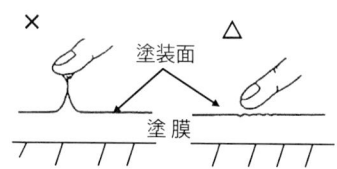

（a）急激な加熱をしないこと─
適切な乾燥条件を決めること

（b）マスキングテープは指触乾燥になるまではがすな！
なったらはがせ！
（c）不粘着性を確認してから出荷すること

要点 ノート

塗装の基本を忠実に守ると極意につながる。塗装時には粘度管理を怠らないこと、塗装後は適切な乾燥条件を決めて、これを守ることが大切である。

安全作業を守る(1)

–これからの塗料と塗装–

　塗装と塗料の課題は大気汚染と地球温暖化を防ぐことです。具体的には VOC（揮発性有機化合物）とCO_2の排出量を削減することです。この流れを スムーズに進めるためには、立ちはだかる問題を解決して行かねばなりませ ん。たとえば、CO_2の排出量は塗装ブースの使用や、乾燥過程、焼付け炉で燃 焼させる化石燃料の量に比例します。塗料の水性化はVOCの削減に効果的で すが、塗装後に水を蒸発させるFlash off工程で熱風が必要になります。VOC とCO_2の両方とも低減しなければなりません。

　どのような知恵が必要でしょうか。

❶品質とコストパフォーマンス

　工業塗装は言うまでもなく、高品質とコストパフォーマンスを追求しなけれ ばなりません。環境問題には土壌・水質・大気汚染に対する多岐にわたる対応 が必要で、自動車産業にはリーディング・カンパニーとしての対応が求められ ています。当然ですが、塗料業界にはVOC削減を伴っても、仕上がり外観と 塗膜性能が低下しない塗料の開発が求められています。日本は塗膜物性とコス トからハイソリッド（HS）化技術を推進してきましたが、世界的な流れは急 速です。EUと日本は、新車塗装の中塗りに主として水性塗料の採用を推進し ています。上塗りについては、1980年代後半より欧米を中心に、上塗りベー スコート（主として、メタリックベース）の水性化が実施されてきました。上 塗り塗料に低VOC型塗料を導入した時のVOCの削減効果を**図2-2-13**に示し ます。ベースコートを水性塗料に変えるだけで、溶剤型従来塗料に比べて VOCを40％以下にすることができ、クリヤを水性塗料か粉体に変えれば、約 20％から10％程度に低減できます。さまざまな難題に立ち向かっているの が、塗料と塗装工業の現状です。

❷環境を守るための法令

　環境を守るための法令は多岐にわたりますが、ここでは塗装する立場からの 塗料の見方について説明します。

　2012年に化学製品全般にわたり、世界基準SDS（安全データーシート）が 制定されました。すべての塗料について、1％以上含有する成分（第一種指定

化学物質を含有する場合には0.1％以上）とそれらの混合割合を開示し、各成分の有害性や、製品を安全に取扱うための注意事項を表示しなければなりません。SDSの記載事項は全部で16項目になりますが、その中の②危険有害性の要約と③組成および成分情報は重要です。②については、GHSラベルで表現し、製品にも貼付しています。化学製品の危険性や有害性が判別でき、安全衛生上の災害や事故を未然に防止することを目指しています。溶剤型塗料、水性塗料および粉体塗料について、貼付されているGHSラベルの例を**図2-2-14**に示します。

図2-2-13 低VOC型塗料導入による有機溶剤（VOC）削減効果

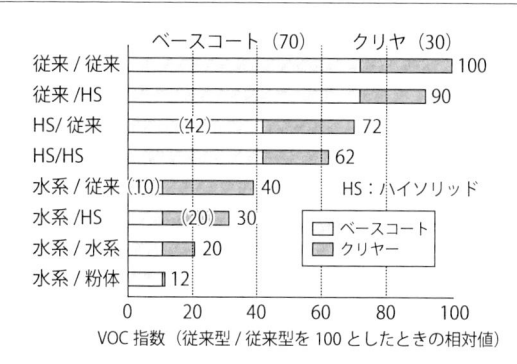

VOC指数（従来型／従来型を100としたときの相対値）

図2-2-14 各種塗料のGHSラベルの例

要点 ノート

塗料使用者はGHSラベルとSDSの意味を理解し、必要に応じて防毒マスク、保護メガネ、手袋などを着用しなければならない。

安全作業を守る(2)

−火災と酸欠対策−

　溶剤型塗料およびシンナーを取り扱う上で注意を要することは、火災と酸欠対策です。スプレー塗装では塗着率が30％程度と低く、強制排気する塗装ブースがないと、塗装室は噴霧粒子が充満します。有機溶剤は特有の臭気をもつので、溶剤蒸気が空気中に1％以下でも混合していれば、相当に臭います。ところで、溶剤蒸気が空気よりも軽いと上方に向かっていきますが、重いと床面付近に溜まることになります。気体の比重は、空気（窒素80、酸素20vol%）1モルの重さ（28.8g）を基準にして求めます。蒸気比重＝（溶剤の分子量）/（28.8）と計算します。引火するのは溶剤蒸気であり、その最低温度を「引火点」と呼びます。引火点と燃焼範囲が低いほど火災の危険性が高まります。このような数字よりも現場ではもっと重要なことがあります。

❶火災や健康被害の原因となった事例

　化学物質が火災や健康被害の原因となった最近の事例は次のようです。

(1) 印刷所で胆管がん死−塩素系溶剤 CH_2Cl_2 の使用（2012に判明）

(2) 京都府福知山市の花火大会の会場でガソリン爆発（2013.8.15）

(3) Mg−禁水性物質使用工場の火災（2014.5.14）

(4) 染料工場で5人膀胱がん−芳香族アミンの一種が原因か（2015.12.19）

　ここでは、上記2のガソリン爆発（**図2-2-15**）について説明します。花火大会ゆえ露店が立ち並び、いろいろなものが調理されています。ガソリンタイプの小型発電機にガソリンを補給する時に起きた事故です。金属製携行缶の隙間にガソリン蒸気は充満しているため、まず最初にやることは、減圧用ねじをゆるめ、火気のないところでガソリン蒸気を追い出すことです。いかなる時にも、燃料補給時には減圧用ねじをゆるめることを優先しなければなりません。

❷火気厳禁と酸欠対策

　塗装現場では火気は厳禁であり、風下で溶接作業をしているかどうかも事前にチェックする必要があります。また、塗装現場では、静電気をためないことが大切です。とくに、静電塗装では注意が必要です。静電気の放電（スパーク）による火花で火災になることが多いため、被塗物をつり下げるハンガーにはアースが取れていること（絶縁箇所がないこと）をまず確認してください。作

業者には通電靴を履くことを義務づけ、床には散水してください。

　次は、酸欠対策です。溶剤蒸気は空気よりも重いから、床面周辺に停滞します。溶剤蒸気と空気とは混合しないので、タンクのように開口部が小さな空間では塗装作業の進行に伴って空気が追い出されてしまいます。要は、酸欠状態になり、死に至ります。酸欠対策としては図2-2-16に示すように、常に外気を送ることと、空気ボンベを背負って作業することです。

図 2-2-15 ｜ ガソリン爆発事故の概要

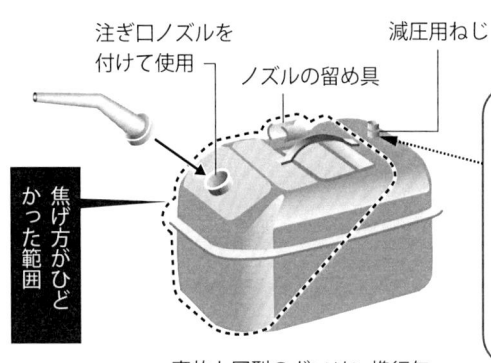

注ぎ口ノズルを付けて使用

ノズルの留め具

減圧用ねじ

焦げ方がひどかった範囲

事故の原因：
このねじを開けてガソリン蒸気を追い出さずに、ノズル取り付け用のフタを開けた。その瞬間にガソリン蒸気が噴出し、ガスコンロの炎に引火し、爆発が起きた。その後、近くのガスボンベが爆発し、大惨事になった。

事故と同型のガソリン携行缶

図 2-2-16 ｜ 塗装作業における酸欠対策

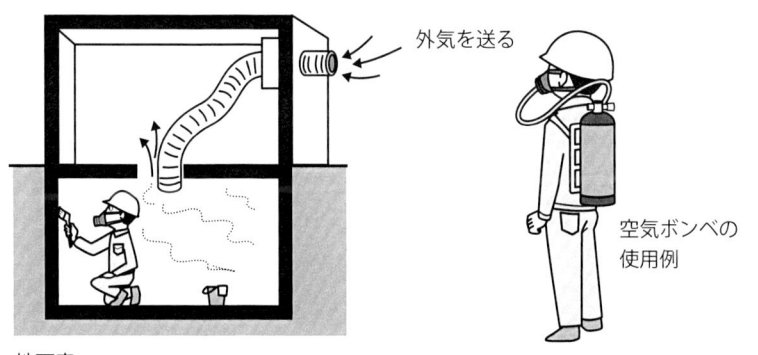

外気を送る

空気ボンベの使用例

地下室

要点 ｜ ノート

有機溶剤はガソリンと同じで、室温でも引火し、火災や爆発を引き起こす。点火源として、静電気の放電が多い。また、溶剤蒸気は空気よりも重いので酸欠を引き起こす。

安全作業を守る(3)
−高所作業対策−

　高所作業は大事故につながるおそれが大きいので、作業者の安全はもちろん周囲への安全配慮も不可欠です。作業現場ではたくさんの種類の足場が使用されていますが、図2-2-17に示すくさび式足場が広く使用されています。まず、足場の設営で基本的なことを図2-2-18にまとめます。

　次に、高所作業の装備で注意すべきことは、保護帽をかぶり、安全帯のフックを掛けることです。防護ネットで足場全体を覆うことも必要です。初期の安全帯は胴ベルト型と呼ばれるもので、図2-2-19に示すように1本のベルトを胴回りに巻きつけて身体拘束を行うものです。そのため、墜落時に抜けたり、胸部や腹部を圧迫したりして、短時間に救出しないと死に至ることがありました。墜落時の衝撃が少ない安全帯として、図2-2-19（b）に示すフルハーネス型安全帯が開発され、多く採用されています。肩や足のもも、胸などを複数のベルトで支えており、これによって身体が安全帯から抜け出ることや、胸部・腹部を過大に圧迫するリスクを軽減します。

　屋根の上での作業でよく起きる事故は転落です。スレート屋根では板を踏み抜いて転落したりします。特別に高所ではないからといって安全帯を着用しなかったり、フックを掛けなかったりして転落することがあります。図2-2-20に示すように、親網を張ってフックを掛けること、荷重を分散させるように足場板を敷くこと、さらに、この足場板が滑らないように注意してください。

図 2-2-17 ｜ くさび式足場の例

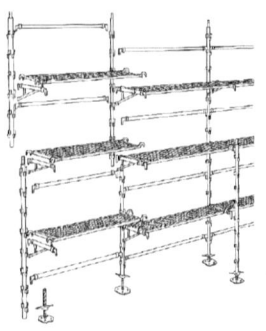

図 2-2-18 足場の安全確保における注意点

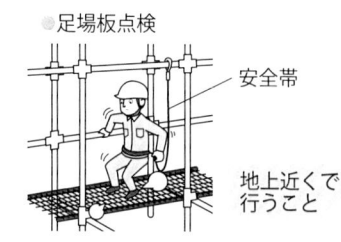

●ゴンドラの点検　　　　　　●足場板点検

安全帯

地上近くで
行うこと

ゴンドラの中で数回飛び跳ねる！　ヒビワレがないことを確認！

●足場の安全を確保する

無理な姿勢、不安定な足
場では、作業しない！

留め具を
きちんと止める！

あて板

一杯に開いて安定させる！　最上部には足場をつくらない　凸凹の地面にはあて板
　　　　　　　　　　　　（2 段目以下にすること）　で水平にする

図 2-2-19 安全帯の進歩　　　　　　　　**図 2-2-20** 屋根作業での注意点

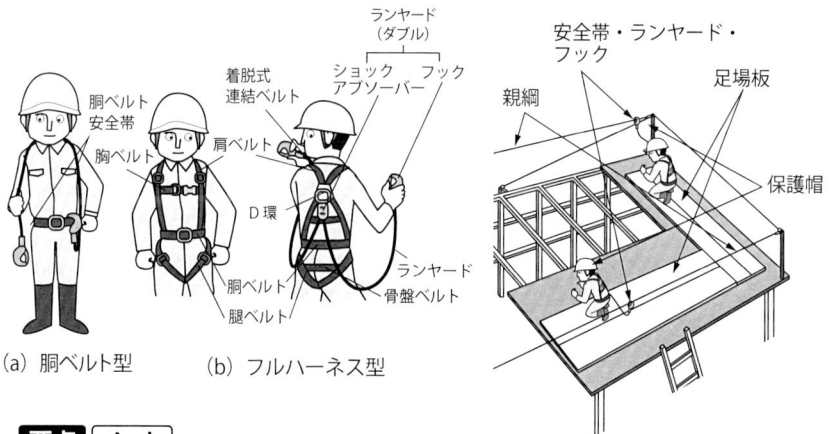

ランヤード
（ダブル）

着脱式　　ショック　　フック
連結ベルト　アブソーバー

胴ベルト
安全帯

胸ベルト　　　肩ベルト

D 環

胴ベルト
腿ベルト

ランヤード
骨盤ベルト

（a）胴ベルト型　　　（b）フルハーネス型

安全帯・ランヤード・
フック

親綱

足場板

保護帽

要点 **ノート**

2m 以上は高所作業という緊張感を持ち、保護帽と安全帯をはじめとする保護
具の着用を義務づけること。足場の設営に当たっては、基本を忠実に行うこと
が必要である。

塗装系の経験則

　先輩方からの伝言は、往々にして現代の塗装にも妙技として通じます。たとえば「下に塗るものほど顔料（固体粒子）を多くしなさい」とか、「硬い素地の場合、下層から上層まで樹脂分を連続的に増やしていきなさい」など、塗り重ねる塗料のレシピと言ってもよいでしょう。塗装する人が塗料も作っていたため、塗料配合について見識が高まったのでしょう。漆塗りの塗装系と塗料配合を見ると、まさに先人の知恵がここに生きています。著者には、「塗り重ねることにより膜厚方向に物性を傾斜させなさい」と聞こえてきます。

❶ケースバイケースの対応

　上塗りが硬化する時に、下塗りが動いたり、流動すると硬化収縮で上塗り塗膜が割れることがあり、これを防止するために、樹脂分の少ない安定した層を下層にもってこいと経験則は諭しているのだと思います。古来は、**図2-3-1**に示すような大きな衝撃力が急激に加わるケースを想定しなくてもよかったのですが、現代では高速で石が車体にぶつかってきます。車用の石跳ね試験では、下塗りに柔軟性の高い塗膜を採用した方が結果は良くなります。

　私たちはケースバイケースの対応を考える必要があります。高速衝撃では、塗膜に作用する時間（t）が短くなります。がんばり時間（λ）の短い熱運動単位を塗料用樹脂に導入すると、塗膜は衝撃を吸収できると考えます。なお、λとは、塗膜が固体としてがんばれる時間を意味します。そして、λとTgは比例関係にあり、λの短い塗膜はTgの低い樹脂からなります。Tgの低い塗膜は室温では柔軟性があります。図2-3-1に示す結果は、tに対して、塗膜のλがほどよくバランスしているためと解釈できます。

❷がんばり時間の分布を評価

　一方、耐久性を考えると、塗膜にはいろいろな作用時間の外力が加わるので、λは広範囲に分布している方が良いことになります。では、どこを見たらλの分布を評価できるのかを説明します。動的粘弾性測定では、温度を一連に変えて、粘弾性体である塗膜を振動させます。その時に加えた振動エネルギーがどの程度、消費されるかを昇温させながら調べます。一例として、**図2-3-2**に、粉体PE塗膜の測定結果を示します。E"（動的損失弾性率）の温度曲線を

見ると、力学エネルギーを吸収する温度ピーク（転移点）が-120、-18、42℃に現れており、λは低温から常温付近で広範囲に分布していることがわかります。

　塗膜の強さはλだけで議論できません。外力を吸収しても、塗膜の弱い部分に応力集中を生じ、破壊します。樹脂と異種物質が接触している界面、特に顔料／ビヒクル間相互作用を高めることは大切です。塗膜の割れを防止するには、残留応力＜抗張力でなければなりません。これも経験則が教えています。

図 2-3-1 | 耐衝撃性に及ぼす 2 層塗膜の物性効果

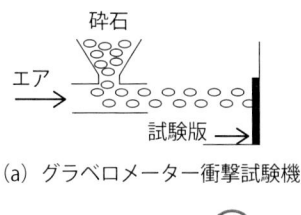

（a）グラベロメーター衝撃試験機

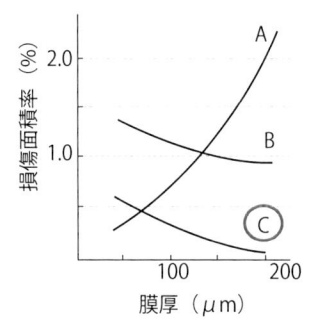

	A	B	Ⓒ
上塗り	H	S	H
下塗り	H	H	S

鋼板

（b）上塗り、下塗り塗膜の組み合わせ　　（c）耐衝撃性に及ぼす膜厚効果

図 2-3-2 | PE 被膜の動的粘弾性の温度分散曲線
（E'：動的貯蔵弾性率、E"：動的損失弾性率、tan δ：力学的損失）

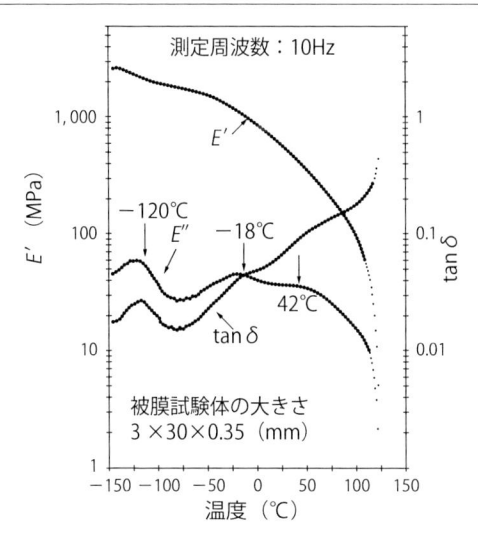

塗装系の経験則を実践する

　相容性の良い樹脂からなる塗料を塗り重ねることで樹脂の分子鎖が相互に拡散し、中間層に発展するモデルを考えました。中間層とは下塗りと上塗り塗膜の中間の物性を示す塗膜層で、**図2-3-3（a）** に示すように塗膜断面の中間領域に位置します。この中間層の形成により膜厚方向に物性を緩やかに傾斜させることが期待できます。実験に使用した塗料は焼付型アミノアルキド樹脂クリヤで、図2-3-3（b）に示すメラミン樹脂濃度が異なる2種のクリヤ（M15およびM45）です。下塗りにM15を、上塗りにM45を使用し、2C2B（2回塗り、2回焼付け）の2層（2L）膜を調製しました。

　モデル塗料の主反応はメラミン樹脂のメチロール基（$-CH_2OH$）とアルキド樹脂の水酸基（$-OH$）であり、下塗りM15には$-OH$が、上塗りM45には$-CH_2OH$が過剰に配合されています。中間層は上塗りM45クリヤのメラミン樹脂が、M15下塗り膜に浸透、拡散し、アルキド樹脂の未反応水酸基（$-OH$）と橋かけ反応することにより形成されます。2層膜を上塗り表面から膜厚方向に向かって、順次、1-2 μmずつ削り取り、KBr錠剤法でFT-IR分析を行いました。その結果、メラミン樹脂濃度は上塗り側では高く、下塗りに向かって緩やかに低下することが認められました。そして、下塗り塗膜層の約60％までが中間層に変化していることがわかりました。上塗りM45のメラミン樹脂がM15塗膜中へ相当な深さまで浸透していることがわかります。

　このように塗膜の橋かけ密度が膜厚方向で連続的に傾斜すると、その塗膜はどのような物性を表すのでしょうか。膜厚をほぼ等分に調製した2層膜について調べた応力〜ひずみ性曲線と動的粘弾性のtanδ温度曲線の結果を**図2-3-4**に示します。図2-3-4（a）から単層膜のM15とM45では粘弾性挙動が明らかに異なることがわかります。中間層を有する2層膜の特徴的な点は、M30単層膜のそれと一致することです。図中に中間層なしと表示されている2層膜とは、下塗りM45－上塗りM15の2層膜です。

　以上のように中間層を有する2層膜は下塗りM15塗膜の柔軟性と上塗りM45塗膜の表面硬さを有し、バルクの物性はM30塗膜に変身することができます。

図 2-3-3 中間層形成の実験試料と塗膜の断面モデル

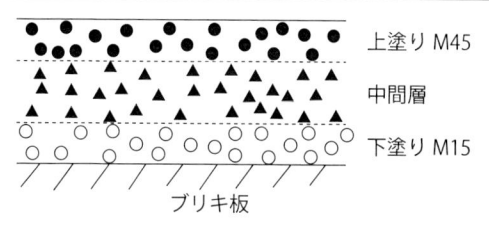

上塗り M45
中間層
下塗り M15
ブリキ板

（a）中間層を形成した塗膜の断面モデル

メラミン樹脂		アルキド樹脂
J-820 Super Beckamine*		1307 Beckosol*
M15	15	85
M45	45	55
希釈剤 焼付条件	Xylene/n-BuOH = 80/20 150 ℃/60 min	

＊DIC製

（b）中間層形成の実験に用いたビヒクル

図 2-3-4 中間層形成塗膜の物性に現れるメリット

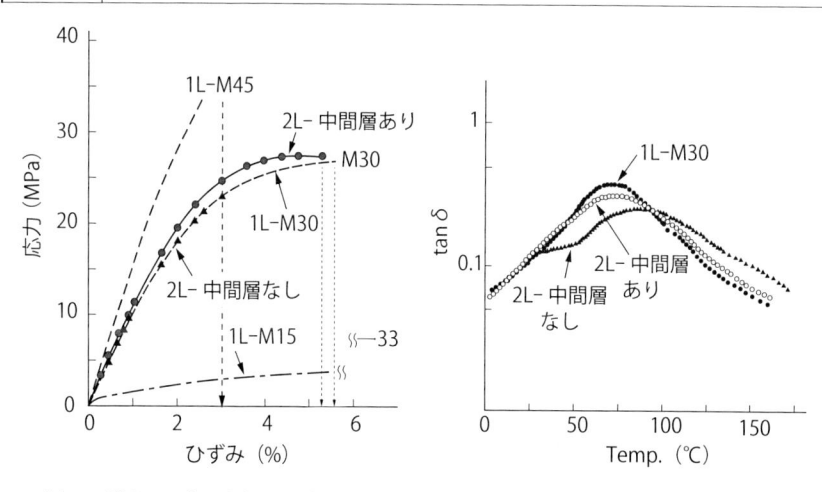

（a）2L 膜と 1L 膜の応力〜ひずみ曲線

（b）tan δ の温度曲線

要点 ノート

メラミン、アルキド樹脂を使用して、表層から素地側に向かってメラミン樹脂濃度が連続的に低下する塗膜を形成させることができた。その結果、物性傾斜のメリットを実現できた。

東京タワーからスカイツリーに至る防食塗装系

　塗装系（paint systemあるいは、coating system）とは下塗りから上塗りまでの塗料の組み合わせを意味し、上塗り塗料の名前で呼ばれます。東京タワーでは上塗りにフタル酸樹脂系塗料（エナメル）が使用されたので、フタル酸樹脂系塗装システム、あるいはフタル酸樹脂エナメル仕上げと呼ばれます。塗装仕上げに必要な作業を工程と呼び、これらを作業順に並べたものを「塗装工程表」と呼びます。そして、塗装仕様とは塗装系を表示し、各工程の作業条件を細部にわたって規定したものです。

❶東京タワーとスカイツリーの塗装仕様の比較

　東京タワー建設時の塗装系と塗装仕様はすでに第1章の図1-1-4に示していますから、その図を見てください。ここではスカイツリーの塗装仕様を**表2-3-1**に示します。両者を比較して大きく異なる点は、次の2点です。

①スカイツリーが重防食仕様（ジンクリッチペイント）を採用しているのに対し、東京タワーは重防食仕様ではない。

②東京タワーでは、ほとんどが現場塗装で施工されたが、スカイツリーでは工場塗装がほとんどで、現場塗装は現場での溶接部分のみが対象。

　東京タワーの上層部には亜鉛めっき鋼を採用し、現場施工の弱点をカバーしています。重防食仕様を採用していない東京タワーの塗装仕様は、当時ではベストでしたが、現代から見ると、ごく一般的な仕様です。評価できる点は、塗替え周期を5年に設定し、着実に遂行したことです。その結果、鋼材素地からのさびはほとんどなく、60年以上経過した現在でも健全な塗膜状態を維持しています。

❷スカイツリーの塗装設計

　後述する明石大橋完成時（1998年）から20年経過した時に、スカイツリーの塗装設計が検討されました。主なポイントは次のようです。

(1) 塗装系の寿命（ライフサイクル）を100年とする

(2) 塗替え周期を25年とする

(3) VOC排出量を抑制する

　(3) については、東京都環境局からの強い要請があり、ジンクリッチペイン

トから上塗りまでをすべて水性塗料にするようにとすすめられたのですが、水性塗装系仕様で仕上げた塗膜で（1）を遂行できる可能性が低いこと、促進耐候性の実験でも、水性塗装系の塗膜性能は溶剤系より劣ることがわかりました。

　そこで、C-5塗装系と仕様を見直し、東京都からの要請に対しても十分に合格する表2-3-1の右側に示す仕様を提案し、スカイツリーの塗装工事が2011年8月に完成しました。

表 2-3-1　スカイツリーの塗装仕様（一般部）

工程	仕様	C-5塗装系（鋼道路橋塗装・防食便覧H17年版）塗料名	膜厚〔μm〕	採用仕様 塗料名	膜厚〔μm〕
製鋼工場	一次素地調整			ブラスト処理ISO Sa2 1/2	
製鋼工場	プライマー	無機ジンクリッチプライマー	15	無機ジンクリッチプライマー	15
製作工場	二次素地調整			ブラスト処理ISO Sa2 1/2	
製作工場	防食下地	無機ジンクリッチペイント	75	有機ジンクリッチペイント	75
製作工場	ミストコート	エポキシ樹脂塗料下塗	−	−	−
製作工場	下塗	エポキシ樹脂塗料下塗	120	エポキシ樹脂塗料下塗	120
製作工場	中塗	ふっ素樹脂塗料用中塗（エポキシ樹脂）	30	厚膜形ふっ素樹脂塗料上塗	55
製作工場	上塗	ふっ素樹脂塗料上塗	25		
	工程数合計膜厚	6工程	250	4工程	250

出典：慶伊道夫、堀長生、奥田章子「防錆管理」Vol.54, No.2, p.49（2010）

要点　ノート

1958年竣工の東京タワーから40年後にC-5塗装系で明石海峡大橋が施工された。スカイツリーではC-5塗装系をベースにして、さらなる改良提案がなされ、2011年に完成した。

明石海峡大橋の塗装工事と費用

　東京タワーの完成は1958年であり、この頃には重防食仕様が確立していませんでした。30年後の1988年に、重防食仕様（無機ジンクリッチペイント、以下、無機ジンク）で瀬戸大橋が完成し、さらに、明石海峡大橋（以後、明石大橋）が**図2-3-5**に示すC-5塗装系で1998年に完成しました。工事は瀬戸大橋完成前の1986年より始まり、13年間をかけて行われました。塗装工事に関することは一般社団法人 日本橋梁・鋼構造物塗装技術協会が仕切り、積算資料としてまとめられました。資料から、塗装面積や塗料必要量、塗料費用がわかります。著者の興味ある点を抽出した結果を**表2-3-2**に示します。要約すると次のようになります。

❶橋梁の外面

　橋梁の外面は、前述のC-5塗装系に従って施工されました。内面については、変性エポキシ樹脂塗料が3回塗られました。表2-3-2に示す単位塗付量について見ると、外面では第1層（厚膜形無機ジンクの700 g/m²）から第6層（上塗りの140 g/m²）までの合計単位塗付量が1770 g/m²になります。同様に、内面のそれは1050 g/m²になります。表中の数字で外面、内面の合計単位塗付量がそれぞれ200 g/m²高くなっているのは、1次プライマーを加味しているからです。この塗料は工場で製造した構成部材を放置しておく時の防錆プライマーであり、本格的に塗装工事が始まる時にはブラスト処理で除かれてしまうので、「ショッププライマー」とも呼ばれます。

❷内外面の合計塗料重量

　このプライマーを除いて計算した内外面の合計塗料重量は1,664tと計算され、この40%程度の約660tが硬化塗膜として橋梁を覆っていることになりますが、相当な重量です。また、標準膜厚は外面が250 μmであるのに対し、内面は270 μmと多く、両面で約0.5 mm太くなります。実際には計算量よりも多くの塗料が使用されていると考えられますが、塗料単価に標準価格を使用すると塗料費用は56.2億円となり、塗料使用量1875tから、塗料代金（平均単価）は3000円/kgと計算できます。また、明石大橋の総工費は約5,000億円ですから、塗料費用は約1.1%になります。

話は変わりますが、C-5塗装系での気がかりな点を述べます。

無機ジンクのバインダーとして、湿気硬化のエチルシリケートが使用されています。塗料の硬化度を判断し難く、メーカーの仕様に従い、低湿度ならば2日間、常温乾燥させていますが、安心できません。硬化度を現場でチェックし、安心して次の工程に進める手立てがほしいものです。

図 2-3-5 | C-5 塗装系で施工された明石海峡大橋の塗膜構成

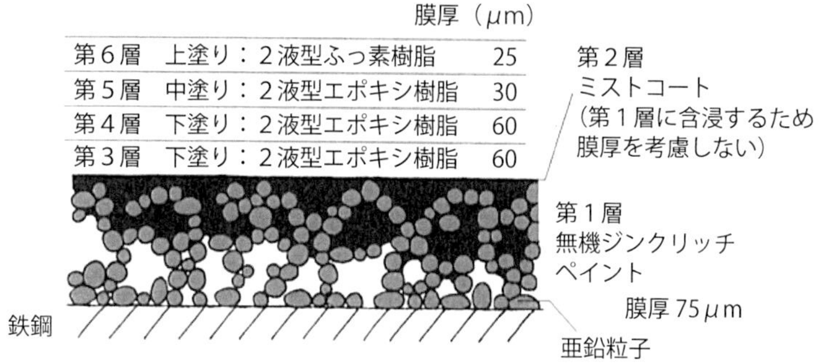

膜厚（μm）

第6層	上塗り：2液型ふっ素樹脂	25
第5層	中塗り：2液型エポキシ樹脂	30
第4層	下塗り：2液型エポキシ樹脂	60
第3層	下塗り：2液型エポキシ樹脂	60

第2層
ミストコート
（第1層に含浸するため膜厚を考慮しない）

第1層
無機ジンクリッチ
ペイント
膜厚 75μm

鉄鋼

亜鉛粒子

表 2-3-2 | 明石海峡大橋の塗装工事の積算資料

塗装場所	外面						内面	
塗装面積（m²）	772,828						281,806	
工程/塗料	無機ジンクリッチプライマー（1次プライマー）	①無機ジンクリッチペイント	②ミストコート	③,④下塗り×2	⑤中塗り	⑥上塗り	無機ジンクリッチプライマー（1次プライマー）	内面用エポキシ×3
標準使用量（g/m²）	200	700	160	300	170	140	200	350
各塗料の使用量（kg）	154,566	540,980	123,652	463,697	131,381	108,196	56,361	295,896
塗料使用量総合計（t）	1,522						352	
塗料使用量総合計（t）（1次プライマーを除いた値）	1,368						296	
各塗料の単価（円/kg）	3,082	3,398	2,189	2,189	2,543	8,228	3,082	2,119
各塗料の費用（千円）	476,371	1,838,249	270,675	1,015,032	334,101	890,236	173,705	627,004
塗料費用総合計（千円）	4,824,665						800,709	
平均単位塗付量（g/m²）	1,970						1,250	
平均単位塗付量（g/m²）（1次プライマーを除いた値）	1,770						1,050	
計算塗料単価（円/kg）	3,169						2,273	

要点 ノート

明石海峡大橋の外面は C-5 塗装系で塗装された。塗料使用量 1875t と塗料費用 56.2 億円から、塗料代金（平均単価）は 3000 円/kg と計算できる。

● ピアノの鏡面塗装ライン（1） ●

　我が国でピアノといえば、漆黒調の仕上げが80％と圧倒的に多いのですが、木目を生かしたクリヤ仕上も人気があります。塗装面はいずれも高光沢で、蛍光灯の像が鏡面のように鮮明に写るようになるまで、丹念に仕上げます。

　昔から、硬いものほどよく光るといわれており、その好例が宝石です。どのように塗装すれば平滑な面に仕上がるのでしょうか？漆ならば30工程以上もかけて仕上げますが、生産ラインでは性能確保を前提に、省力化と高速化を実現しなければなりませんから、板状部材は部品ごとに塗装、研磨し、組立てて製品にする方式にします。

　木目塗装工程の1例を**下図**に示します。塗装工程が5回、研磨工程が6回もあるとは驚きです。

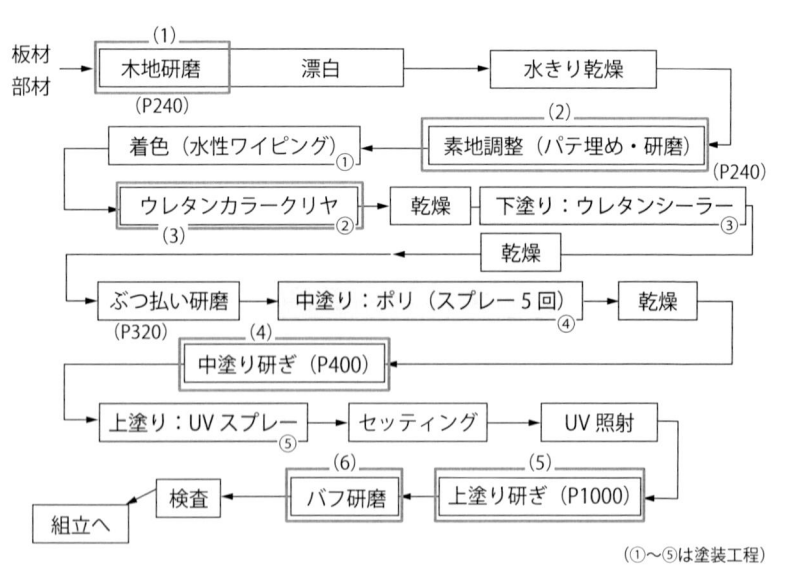

木目塗装工程

【 第**3**章 】

作業者目線での
塗装作業

車体補修方針の見きわめ方

❶シートの作成

ダメージを受けた車体が修理工場に運び込まれました。ここで扱う事故車は車体のフレーム修正を要しないもので、車体板金が変形したものや塗装面が損傷したものです。具体的にどのように修理するかを作業者目線で説明します。

まず、補修程度の見積りからです。そのためには、**図3-1-1**に示すシートを作成し、補修箇所と補修内容を書き入れます。車体補修のフローチャートを**図3-1-2**に示します。車体の損傷程度により、パーツ交換が必要かどうか、板金修正の有無を判断します。パーツ交換を行うかどうかの判断は、プレスラインが大きく損傷しているかどうかです。

❷板金が必要かどうかの判定

次に、板金修正が必要かどうかの判定です。損傷は小さいものから大きいものまで多種多様です。損傷の程度を知るために「触診」が大切です。素手だと滑りが良くないので、布製の手袋、あるいは軍手をして触診してください。要点は、車体パネルの正常部が基準面で、損傷部は基準面に対して、高いか低いかを見きわめてください。単純に凹んでいるだけの場合は板金修正が不要で、パテによる整形作業で補修できます。一方、次項の**図3-1-3**のように凹んだために他の箇所が盛り上がっている場合があります。この場合には板金修正が必要です。具体的な進め方は次項で説明します。

図 3-1-1 | 車体補修検査シート例

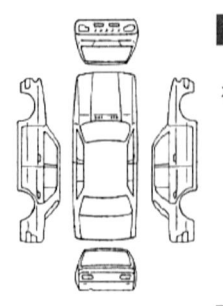

補修の必要な部位	パーツ交換の有無	板金修正の有無	補修塗装の種類*
フロントバンパー			
右フロントフェンダー			
フードパネル			
フロントエプロン			
右フロントドア			
右シルアウター			
アッパーサポート			
右サイドサポート			

＊B：ブロック　S：スポット

図 3-1-2 車体成形と補修塗装のフローチャート

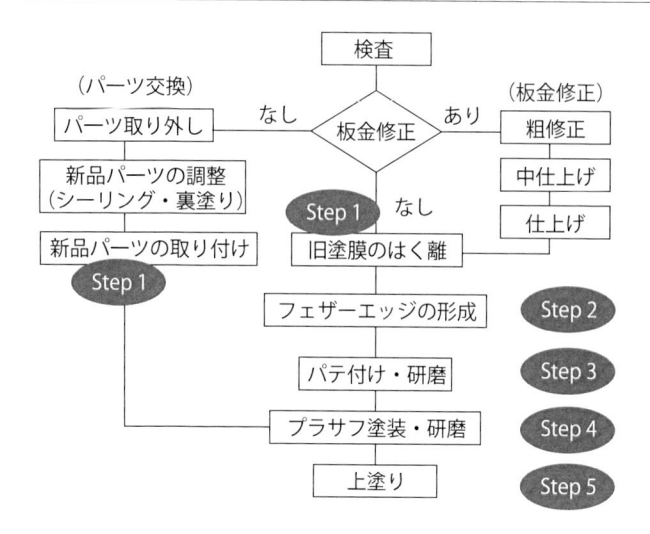

❸袋構造を持つドアパネルの板金修正作業手順

(1) ドアパネルは袋構造になっているため、図3-1-3②に示すように電気溶接機を使用して、凹んだ部分にワッシャーを溶接します。

(2) 図3-1-3③に示すように、このワッシャーにスライディングハンマーの先端を引っかけて、凹部を引っ張り出します。凸部をハンマーで叩いて修正できるようになれば一人前です。

(3) 触診して、損傷部が正常部よりも低いことを確認したら、次項で説明する旧塗膜はく離－フェザーエッジの形成－パテ付け工程に進みます。このように修正した板金面は大きく凹んでいるので、厚付けできる板金パテを使用し、成形段階に応じて、ポリパテに変更します。

(4) 損傷部に正常部よりも高い所があると補修できないため、パテ付け－研磨の成形段階で高い部分が見つかったら板金修正を行います。しかし、パテ付け段階での板金修正はご法度です。

要点 ノート

補修方針を決めるための重要な判断は、パーツ交換をするかどうかである。エコと技能の向上のためには板金修正の事例を増やすことである。

板金修正作業の基本形

　前項では**図3-1-3**に示す袋構造を持つドアパネルの板金修正作業手順について説明しました。ここでは板金修正作業の基本形をフェンダー部の損傷箇所を例にして説明します。板金修正には**図3-1-4**に示すように、ハンマーと当て盤（ドリー、金属塊）を使用します。打痕部の鋼板をプレスラインに合わせ、強く叩くと鋼板が延びるので注意してください。もし、鋼板が伸びた場合には、**図3-1-5**に示すギザギザのある絞りハンマーで伸びた鋼板と周辺部を叩き、凹凸を与えて収縮するようにします。

　板金作業で注意することは、基準面より高い箇所が残らないようにすることです。触診で注意深く調べ、凸部をハンマーで叩き、少し凹むようにします。この時、裏にプレスラインに合った当て盤（ドリー）を当て、ハンマーで叩くことを必須としてください。本項で取り上げたフェンダー部の補修を中心として、塗装作業の進め方を説明していきます。

図 3-1-3 │ 板金修正－凹部の引出し手順

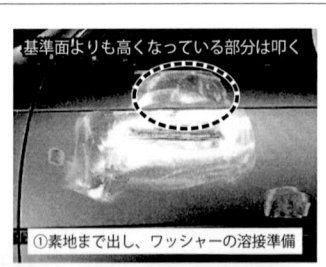

①素地まで出し、ワッシャーの溶接準備

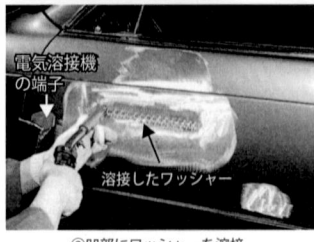

②凹部にワッシャーを溶接

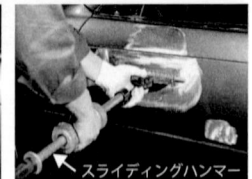

図 3-1-4 板金修正－凹部の引出し手順

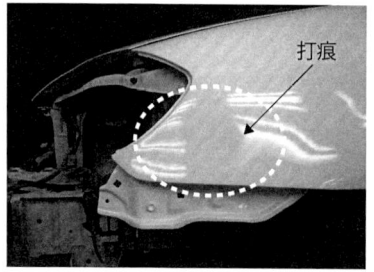

打痕

Key-point-_!_

成形時、正常部（基準面）よりも高くしないこと

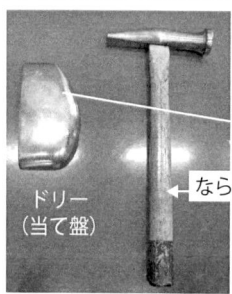

ドリー
（当て盤）

ならしハンマー

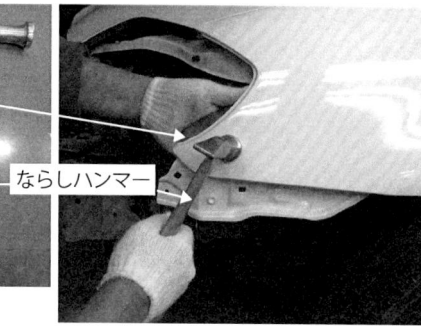

図 3-1-5 板金修正工具の例

絞りハンマー（ギザギザのあるもの）

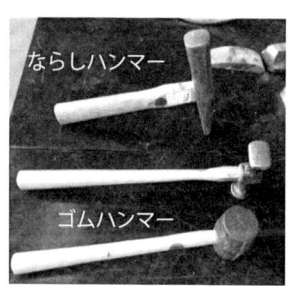

ならしハンマー

ゴムハンマー

延びた鋼板を絞る
ときに使用する

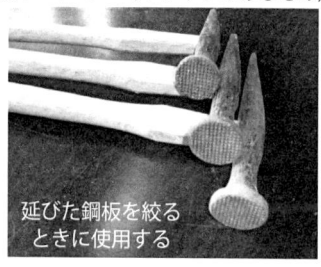

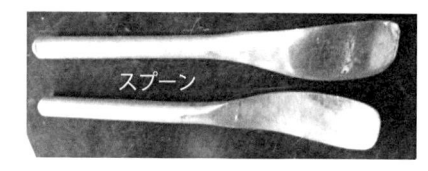

スプーン

ドリー（当て盤）

要点 ノート

板金修正作業で大切なことは、損傷部に正常部よりも高い箇所を残さないことである。高い箇所はパテで修正できない。

旧塗膜のはく離と
フェザーエッジの形成

　フェンダー部打痕部の板金修正終了後に行う作業を**図3-1-6**に示します。打痕部面積の5倍程度大きく塗膜をはがし、鋼板素地を露出させます。はじめは小さく、順にはがす面積を広げていきます。正常部の塗膜との境界部には後述するダブルアクションサンダーでフェザーエッジを作ります。

❶大きくはがす理由

　なぜ、大きくはがすかというと、**図3-1-7**を見てください。大きくはがして、なだらかな傾斜のフェザーエッジを作ると、パテ付け作業が楽になり、車体の成形作業がやりやすくなります。

　この時に必要な器工具類として、ディスクサンダーと研磨紙は欠かせません。板金面は曲面やプレスラインがあるので、形状に追随できる回転パッドを有するディスクサンダーが便利です。研磨紙と回転パッドはマジックテープタイプが多く、研磨紙の着脱は容易です。旧塗膜をはがす時には研磨紙番手P80-120を、フェザーエッジを作る時にはP240を目安にしてください。ディスクサンダーには電動式とエア式の2種類がありますが、自補修用には**図3-1-8**に示すエアサンダー類が圧倒的に多く使用されます。塗装現場にはエアコンプレッサが常備されていることと、漏電の心配をしなくても良いからです。

❷エアサンダーの使い分け

　質問1 エアサンダーには回転方式の異なるシングルアクションとダブルアクションがありますが、シングルアクションの回転数は2500rpmに対し、ダブルアクションの方が3-4倍ほど高いですね。回転数も含め両者の使い分けをどのようにしたら良いでしょうか。

　答1 基本的にシングルアクションは塗膜はく離用に、ダブルアクションはフェザーエッジ形成用に使用します。塗膜はく離用には粗い番手の研磨紙を使い、大きな力が作用するシングルアクションを使うので高速回転は危険です。ターゲットよりも広くはがしたり、プラスチック部品にキズをつけたりする危険があります。一方、ダブルアクションサンダーの作用力は小さく、高速回転でも研磨紙の砥粒と塗膜との接触時間が短くなるので、研磨キズは浅くなります。フェザーエッジ面は滑らかに仕上げたいので、研磨紙番手ははく離用よりも1

ランク細かいものにして、高速回転させます。エアサンダーではエア量が回転数に比例します。

質問2 サンダーの使い分けをきびしくしなければいけないのか、それともダブルアクションで塗膜はく離をやっても良いのでしょうか。

答2 まず、塗膜はく離面積が小さい時には、ダブルアクションサンダーで塗膜はく離をし、そのままフェザーエッジを作る方が効果的です。はく離面積が大きい時にはシングルアクションを使うと考えてください。ただし、シングルアクションサンダーでフェザーエッジを作ろうと思わないでください。

図 3-1-6 塗膜はく離の手順

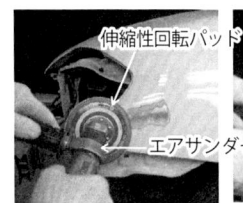 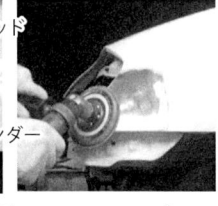 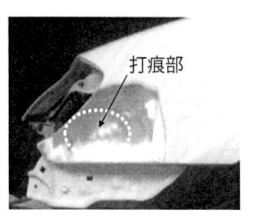

伸縮性回転パッド

打痕部

エアサンダー

シングルアクションサンダー

図 3-1-7 板金成形作業の Step1

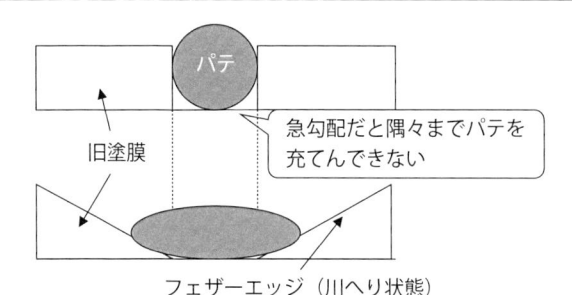

パテ

旧塗膜

急勾配だと隅々までパテを充てんできない

フェザーエッジ（川へり状態）

出典：職業能力開発総合大学校編「木工塗装法」職業訓練教材研究会（2008）

図 3-1-8 エアサンダーの種類と使い分け

シングルアクションサンダー　　　ダブルアクションサンダー

回転の軌跡

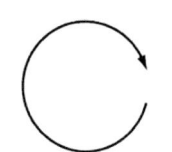 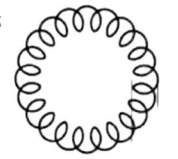

楕円と真円の回転をするため磨き傷を残さずに滑らかに仕上がる

回転数：2500 rpm
塗膜はく離用 P80-120

回転数：8000－10000 rpm
パテ研磨用 P80-240

パーツ交換と塗装作業

　ボンネットを新規パーツに交換して補修塗装した一連の作業を**図3-1-9**に示します。新規パーツは電着プライマー（下塗り）まで塗装済みですから、図3-1-2に示すStep4の中塗りのプラサフ塗装と研磨工程にいきます。その前の見きわめとして、パーツを車体から取り外したままで塗装し、上塗りが終わってから取り付けるのか、それともパーツを取り付けてから塗装するのかを決める必要があります。一般にパーツの取り付けを先行させ、上塗りが終わってからパーツを取り付けることは多くありません。取付け時に上塗り面を損傷する可能性があるからです。

❶ボンネットとドアは表・裏の両側塗装

　ボンネットとドアは表・裏の両側塗装とシーリングが必要なため、図3-1-9（c）に示すように、パーツを単離して、シーリングと裏側の塗装を行い、その後にボンネットを取り付けると能率的です。バンパーも単離してやることが多いのですが、微妙に色が合わないこともあるので、バンパーを取り付けてから**図3-1-10**に示すボカシ塗り（塗装）をすることがあるため、ケースバイケースの対応となります。

　一方、フェンダーは車体に取り付けてから作業した方がやりやすいこと、ドアパネルと隣接するため、色の違いを目立たなくするために、ボカシ塗りを行います。もちろん、その前にプラサフ塗装・研磨作業があります。

❷ボカシ塗り

　ボカシ塗りとはグラデーション技法を駆使した塗り方です。隣接するドアパネルには旧塗色があるため、調色塗料の色が僅かに異なっていてもボカシ塗りによってほぼ同じに見えます。目の錯覚を利用する手法です。

　調色塗料の塗膜色は旧塗膜と同じ配合であっても一致しません。それは経時により僅かですが、ビヒクル成分が黄色っぽくなったり、顔料成分が変色するためです。それでますます、ボカシ塗りを採用することになりますが、エネルギー面から推奨できる方法ではありません。旧塗膜に塗付した塗装面の光沢や肌の状態を周りと合わせるために、磨き仕上げ作業を追加する必要が生じるからです。

図 3-1-9 | パーツ交換による補修塗装例

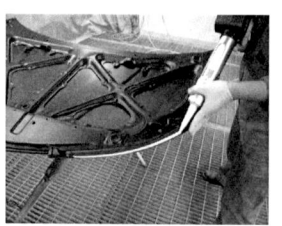

（a）プレスラインが損傷　　　（b）損傷ボンネットの取外し　（c）新規ボンネット裏側のシーリング

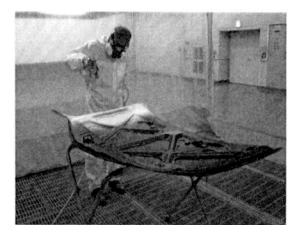

（d）ボンネット裏側の塗装　　　（e）上塗り・乾燥後に取り付け、
　（表側－プラサフ塗装・研磨）　　　　完成

ボンネット裏側を塗装後に車体に取り付け、表側
をプラサフ塗装・研磨・上塗りする場合も多い。

図 3-1-10 | ボカシ塗りの原理とグラデーション技法

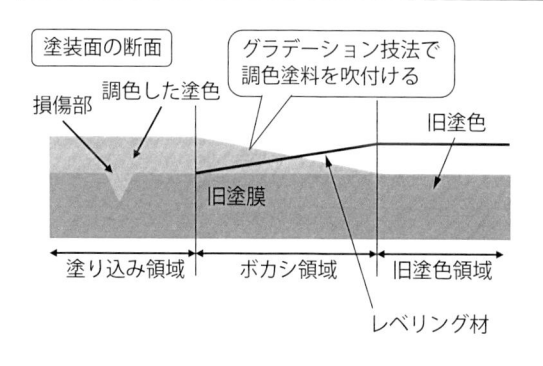

要点 ノート

パーツ交換をして補修塗装を行う場合、どの段階でパーツを車体に取り付ける
かを見きわめることが大切である。

擦りキズの補修作業

　一般に、擦りキズはパーツ交換なし、板金修正なしというケースになります。釘のような鋭い刃先でキズつけられたような擦りキズが該当します。キズがどこまで到達しているかによって補修の仕方が異なりますから、擦りキズの深さの判定が大切です。ここでは、メタリックカラー仕上げの塗膜の判定方法を図3-1-11に示します。

図 3-1-11 ｜ 擦りキズの深さの判定方法

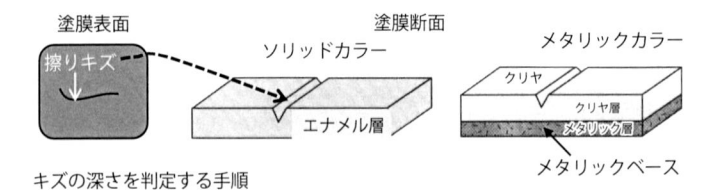

塗膜表面　　　　　　　塗膜断面　　　　　メタリックカラー

擦りキズ　　　ソリッドカラー　　　クリヤ　　クリヤ層
　　　　　　　エナメル層　　　メタリック層
　　　　　　　　　　　　　　　メタリックベース

キズの深さを判定する手順

(1) キズの周辺部を洗剤で洗い、清浄にする。
(2) コンパウンドを用い、ポリッシャーで磨く。この時点でキズが消えれば、キズは浅い。
(3) みがき作業でキズが消えない場合、P800で水研ぎする。

メタリックカラーの擦りキズの深さ判定

擦りキズ　　　　　P800研磨紙の水研ぎ面

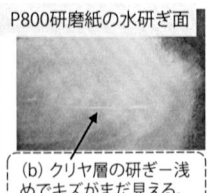

(b) クリヤ層の研ぎ一浅めでキズがまだ見える。

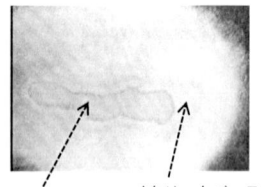

中塗り層　　　メタリックベース

(d) キズがメタリック層で消えた。フェザーエッジを作り、メタリックベースからのスポット塗装で補修する。

(a) みがき作業でキズが消えるかどうかを調べる。

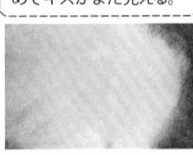

(c) 研ぎを進めると、クリヤ層で擦りキズが消えた。

❶キズがクリヤ層で消えた場合

　キズはクリヤ層で留まっていることがわかります。単純にはクリヤを塗替えれば良いことになりますが、スポットかブロック塗装のいずれかを選択します。図3-1-11に見られるキズは小面積ですが、長さはドアパネルの1/3以上ありますから、ブロック塗装を選択します。そこで**図3-1-12**に示すように、キズの付いていない箇所もクリヤの表面層を水研ぎし、つやが無くなるところまで研磨します。その後、脱脂を行ってからクリヤを塗装します。

❷キズがメタリック層で消えた場合

　キズはクリヤ層を超えてメタリック層に到達しています。メタリックベースを塗る必要がありますから、図3-1-11（d）に示すように、中塗り塗膜が見えるところまで研磨し、フェザーエッジを形成させます。小さな損傷であってもフェザーエッジを形成させるためには、損傷部面積の5倍以上大きく塗膜をはがします。緩やかな傾斜を有する断面は鳥の羽形状に似ているので「フェザーエッジ」と呼びます。中塗り塗膜が残っていれば、メタリックベースとクリヤをボカシ塗りし、乾燥後にポリッシャーで磨き、旧塗膜と比色します。問題がなければ、この段階で仕上げとします。もし、局部的に色違いが目立つようであれば、メタリックベースをボカシ塗りし、クリヤをブロック塗装します。以上のように、キズは小さくても、深ければ補修塗装は大がかりになります。

図 3-1-12 ｜ 擦りキズの補修塗装－クリヤのブロック塗装の場合

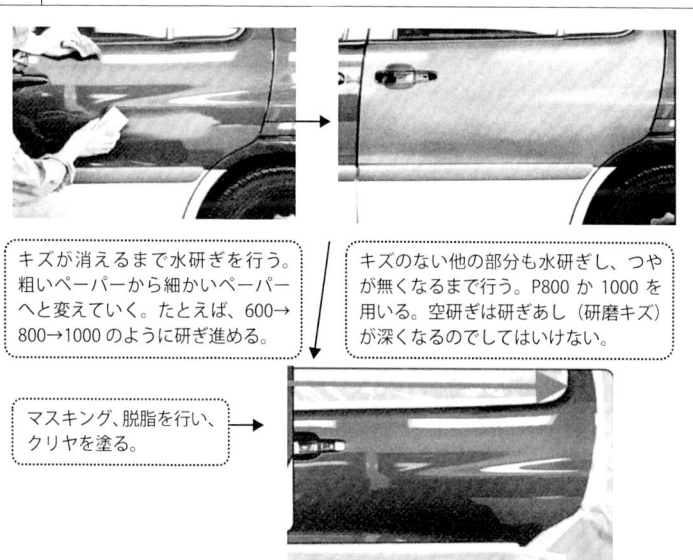

> キズが消えるまで水研ぎを行う。粗いペーパーから細かいペーパーへと変えていく。たとえば、600→800→1000 のように研ぎ進める。

> キズのない他の部分も水研ぎし、つやが無くなるまで行う。P800 か 1000 を用いる。空研ぎは研ぎあし（研磨キズ）が深くなるのでしてはいけない。

> マスキング、脱脂を行い、クリヤを塗る。

パテ成形作業

　板金修正したフェンダー面（**図3-2-1**）へパテ付けができるように、図3-1-2に示すフローチャートに従って作業してきました。本項では図3-1-2のStep3に示すパテ付け・研磨工程について説明します。この箇所の大きさは、フェンダーの1/10程度ですが、作業量は面積に依存しません。図3-2-1に示すように板金修正作業により、鋼板素地には凹凸が残っています。これをパテで成形し、平滑な車体面に復帰させます。成形用パテの主体樹脂は不飽和ポリエステル樹脂で、主剤はこの樹脂と希釈剤モノマー、体質顔料から構成され、硬化剤の主成分は過酸化物です。成形用パテは板金パテとポリパテと呼ばれるものに大別され、前者は3mm以上の厚みが必要な時に使用されます。

❶板金パテとポリパテの使い分け

　板金パテで大きな凹みを埋めてから、**図3-2-2**に示すように研磨し、同時に、フェザーエッジを作ります（115ページの**図3-2-7**参照）。

　次にポリパテによる成形作業を開始します。次項の**図3-2-6**に示す手順で、フェザーエッジ内側から基準面間を結ぶようにヘラを運行させます。もちろん板金パテ面はさらにポリパテで被覆され、終点ではフェザーエッジ部を被覆します。

　成形用パテは短時間で硬化します。主剤と硬化剤を重量比で100：2-3のように配合し、使用前に混合し、素早く（1分程度で）練り合わせます。その様子を次項の**図3-2-3**に示します。パテ練り後、10分以内にパテ付けを終了しないと、固まってしまいます（ゲル化）。パテ付け作業には熟練が必要です。上手くなるための練習法とKey pointを次項の**図3-2-4**、**3-2-5**に示します。

❷パテ付けの奥は深い

　板金パテとポリパテで共通していることは、パテ付けを2〜3回に分けて行うことです。板金パテでは、はじめはターゲットの部分をパテ付けし、2回目でターゲットの周辺部まで拡げます。ポリパテでは最終的にフェザーエッジを覆います。簡単そうに見えますが、奥の深い技能要素があります。

図 3-2-1 | 板金パテによる車体面の成形作業

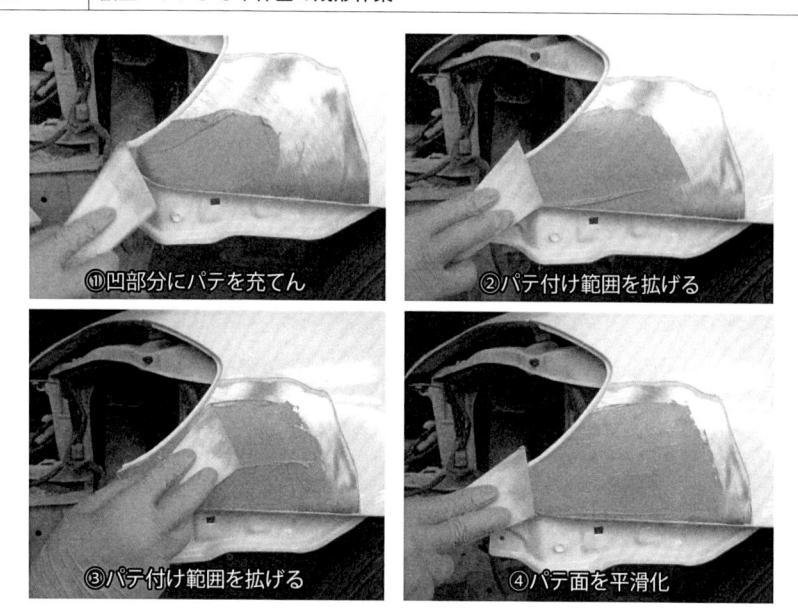

①凹部分にパテを充てん
②パテ付け範囲を拡げる
③パテ付け範囲を拡げる
④パテ面を平滑化

図 3-2-2 | 板金パテの研磨とフェザーエッジの形成作業

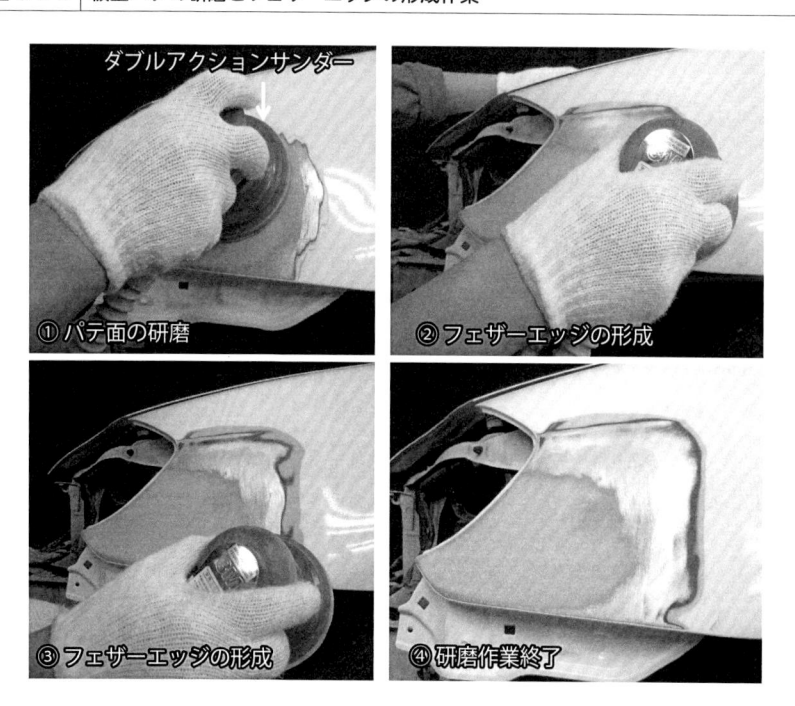

ダブルアクションサンダー
① パテ面の研磨
② フェザーエッジの形成
③ フェザーエッジの形成
④ 研磨作業終了

パテ練り・パテ付け技能の ポイント

❶板金パテ・ポリパテの練り方

　へらを2本用意し、1本は混合用、もう1本はパテ付け用に使用します。あらかじめ、平滑面（定盤、ガラス板）の上にP1000の耐水研磨紙を置き、へら先を平滑に仕上げます（**図3-2-3（a）**参照）。次に、ポリパテの主剤と硬化剤を別々によく撹拌し（図3-2-3（b）参照）、定盤の上に必要量を出します。両者の混合は目分量で行い、練り合わせた時の標準色を基準にして、その色よりも淡い時には硬化剤が不足しているので追加します。濃い時には、硬化が速くなるので早めにパテ付けを行います。練り合わせは主剤中に硬化剤を均一に分配するためです。

図 3-2-3 │ ポリパテの混合・練り合わせ - パテ練り作業

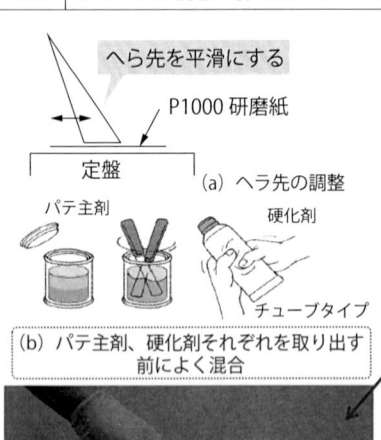

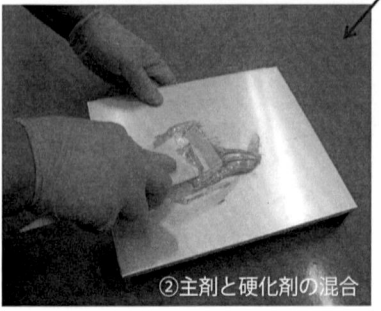

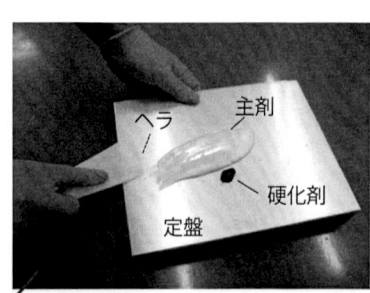

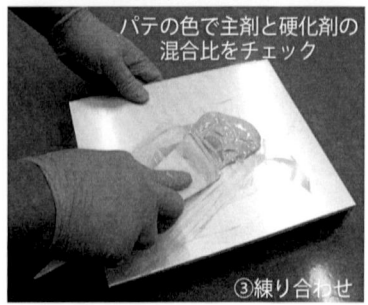

❷ポリパテの配り方・付け方

本質的には板金パテにも通じることですが、ポリパテの方が流動しやすいので、きれいな肌に仕上がります。パテ付け動作は直線的な動きですが、初期の車体曲面に復帰させるために必要な作業です。

あらかじめ次に示すポイントを知って練習すると上達が速くなります。

(1) **図3-2-4**に示すように、ヘラを基準面（正常部）から基準面（正常部）運行し、はりぼてダルマに短冊状の細い紙を貼って平滑面に仕上げる操作をイメージしてください。

(2) パテ付け時のヘラの持ち方と角度を**図3-2-5**に示すようにしてください。ヘラ先が先行するようにヘラを動かすと、パテは下側にかき出されます。このかき出されたパテを使用して、パテ付けを継続します。

(3) ポリパテのポットライフ（可使時間）は10分程度と短いのでスピーディに作業を進めてください。

(4) パテ付けは2～3回に分けて行います。1回目は**図3-2-6**①～③に示すようにフェザーエッジ内、2回目は図3-2-6④に示すようにフェザーエッジを薄く覆うようにパテを付けます。

図 3-2-4 | パテ付けの基本動作－ヘラの動かし方

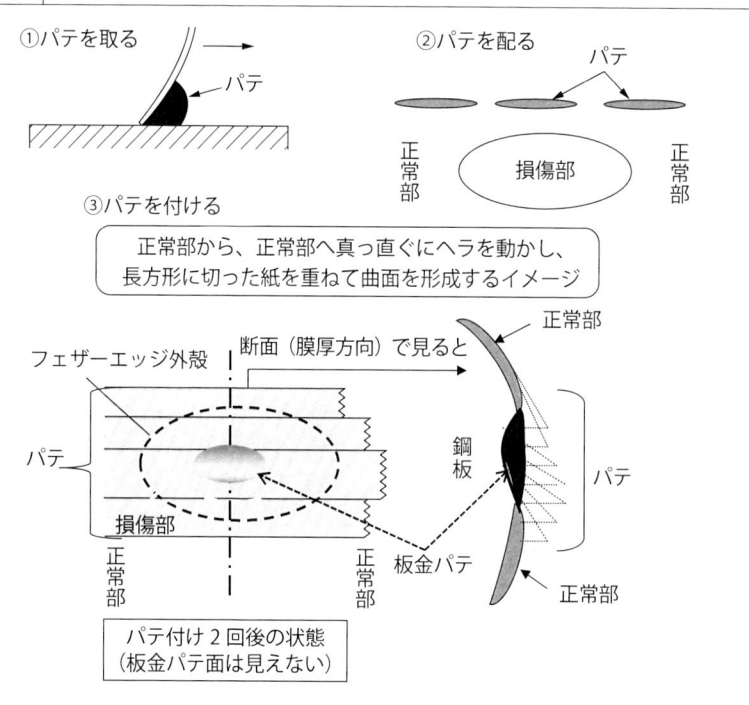

図 3-2-5 | パテ付け時のヘラの動かし方

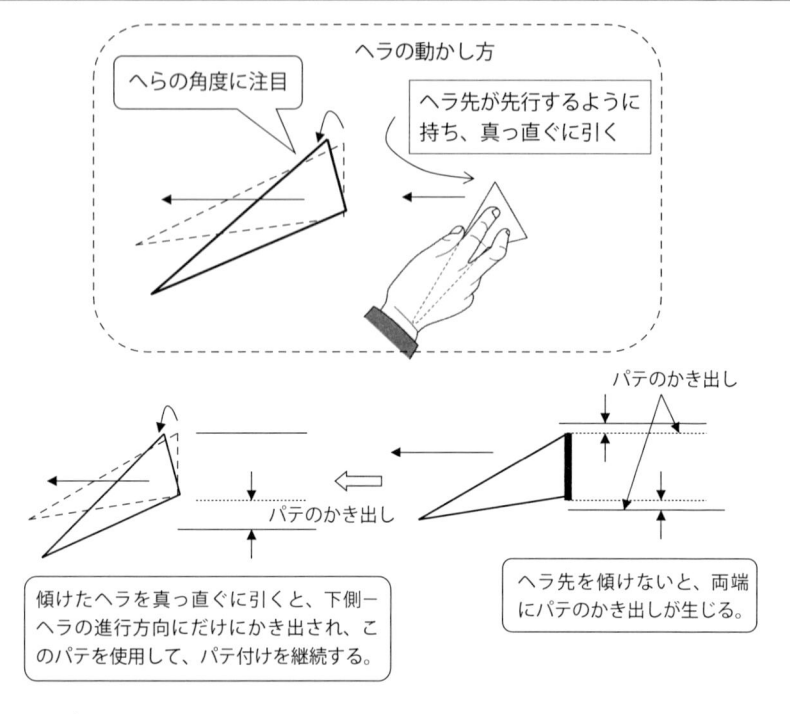

ヘラの動かし方

へらの角度に注目

ヘラ先が先行するように
持ち、真っ直ぐに引く

パテのかき出し

パテのかき出し

傾けたヘラを真っ直ぐに引くと、下側－
ヘラの進行方向にだけにかき出され、こ
のパテを使用して、パテ付けを継続する。

ヘラ先を傾けないと、両端
にパテのかき出しが生じる。

図 3-2-6 | ポリパテ付け作業手順

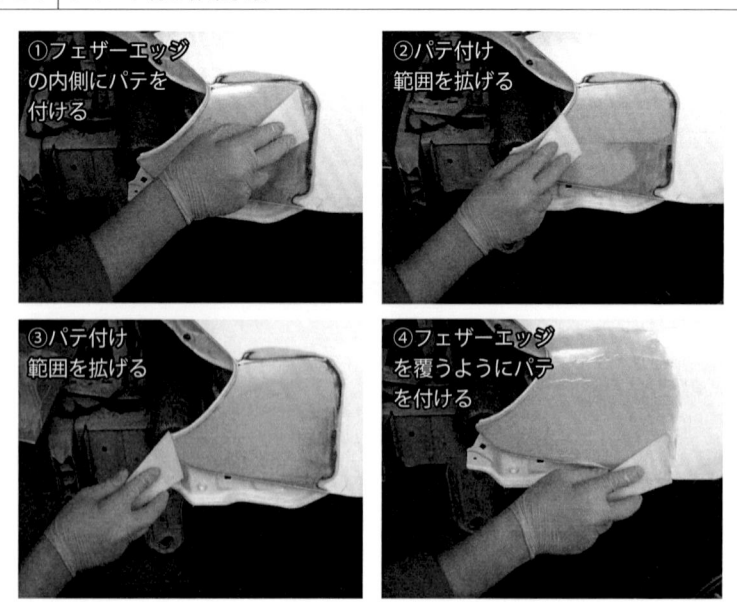

①フェザーエッジ
の内側にパテを
付ける

②パテ付け
範囲を拡げる

③パテ付け
範囲を拡げる

④フェザーエッジ
を覆うようにパテ
を付ける

図 3-2-7 ダブルアクションサンダーの使い方

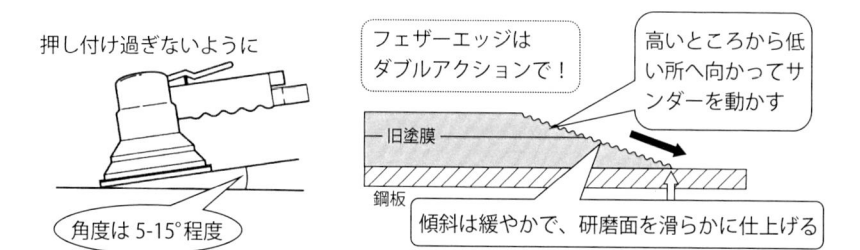

押し付け過ぎないように

角度は 5-15° 程度

塗膜はく離には回転パットを立てて

フェザーエッジはダブルアクションで！

高いところから低い所へ向かってサンダーを動かす

旧塗膜

鋼板

傾斜は緩やかで、研磨面を滑らかに仕上げる

フェザーエッジの作り方

〔作業手順〕
(1) 塗面から離した状態でスイッチを入れ、回転数を調整する。
(2) スイッチを切り、回転パッドを軽く押し当ててから、再びスイッチを入れる。
(3) 回転数を調整する時には塗面から離した状態で行う。
(4) スイッチを切るタイミングは塗面との接触に関係なく、いつでも良いが、スイッチを入れるのは回転数調整後に、塗面と接触させてからにする。

図 3-2-8 補修塗装の範囲

（a）スポット塗装

（b）ブロック塗装

（c）全塗装

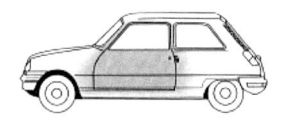

ブロック塗装をする時には、隣接パネルをボカシ塗りする時もある。

要点 ノート

パテ付けの要点は、①基準面から基準面へ、へらを運行させること、②へら先を少し先行させて、真っ直ぐに引くことの2点である。

ポリパテの研磨作業

　ポリパテが順調に固まってくれたら研磨作業を開始します。作業開始の見きわめを次のようにしてください。

　ポリパテ面を爪で引っかいてみて、引っかかりがなく白い線キズが残るようであれば研磨できます。研磨もパテ付けと同様に基準面から基準面への研磨紙の運行が基本です。基準面から基準面への運行は線で曲面を作る要領です。この作業には、**図3-3-1**に示すような当て木付き研磨布（紙）があれば便利です。

❶研磨は方向性に変化を付ける

　パテ付けの場合、基準面から基準面への運行は一方向で良かったのですが、研磨はパテの場合より方向性に変化をつけます。その様子を**図3-3-2**に示します。上下方向の研磨は基準面間の移動が難しく、パテ面を余分に削り取る恐れがありますが、最終段階で数回、上下方向に軽く研磨し、歪みを消します。パテ成形がうまくできたかどうかを見きわめることが重要です。パテ付け・研磨は1セットの作業です。研磨終了も含め、成形作業の見きわめは手袋をした作業者の触診評価になります。このように、パテの研磨とその見きわめ方には繊細な神経が必要です。むやみに研磨してはいけません。さらにもう1点、必要なことがあります。

図 3-3-1 ┃ 研磨用器工具の一例 （品名：プチファイルSとS用シート、KOVAX製）

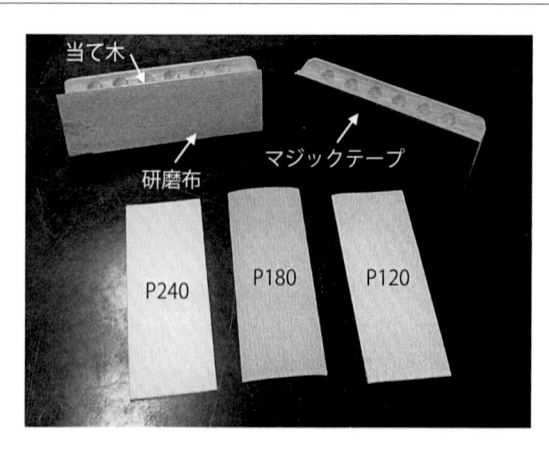

❷小穴の見つけ方

　ポリパテの研磨が終了しても、パテ面には小穴が残ることがしばしばあります。この穴をラッカーパテで埋めますが、この穴の見つけ方を説明します。

　目視観察では見落とすことが多いので、パテ研磨直前にガイドコートを使用します。ガイドコートには液体と固体のものがあり、液体はスプレーで、粉体はパッドで塗り付けます。ガイドコートで見つけた小さな黒点をラッカーパテでしごきます。この様子を図3-3-3に示します。

図 3-3-2 | 研磨作業の進め方

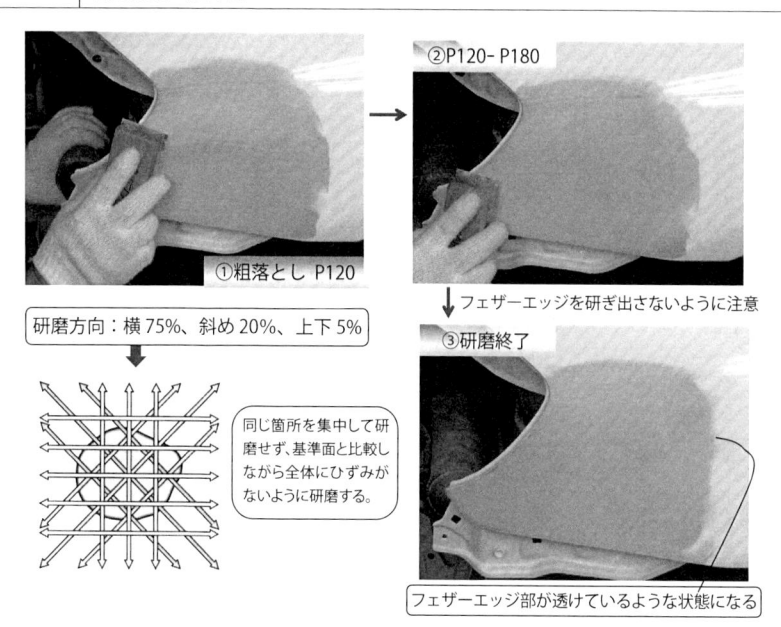

①粗落とし P120

②P120- P180

フェザーエッジを研ぎ出さないように注意

③研磨終了

研磨方向：横75%、斜め20%、上下5%

同じ箇所を集中して研磨せず、基準面と比較しながら全体にひずみがないように研磨する。

フェザーエッジ部が透けているような状態になる

図 3-3-3 | ポリパテ面の小穴発見法とその処置

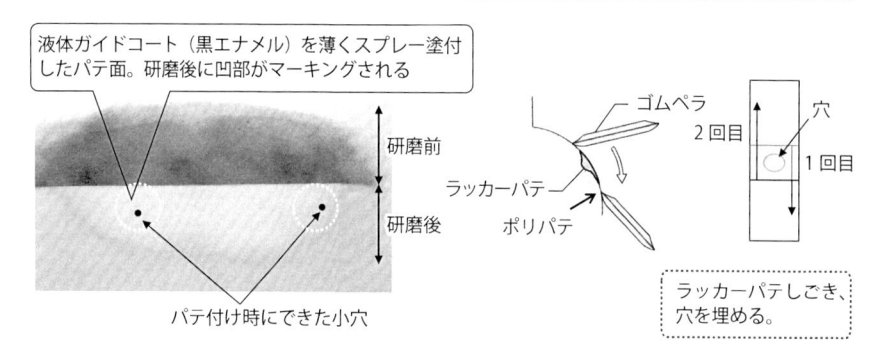

液体ガイドコート（黒エナメル）を薄くスプレー塗付したパテ面。研磨後に凹部がマーキングされる

研磨前

研磨後

パテ付け時にできた小穴

ゴムペラ
2回目
ラッカーパテ
ポリパテ

穴
1回目

ラッカーパテしごき、穴を埋める。

プラサフ塗装・研磨

　パテ成形後には、図3-1-2のフローチャートに従い、Step 4のプラサフ塗装・研磨工程に進みます。プラサフとは、プライマー（下塗り）とサーフェーサー（中塗り）の機能を兼備した塗料で、ヘラ付けするパテを吹付け（Spray）できるようにした塗料だと思ってください。そして、この工程の目的はパテ面の凹凸を充てんして、平滑化と**図3-3-4**に示す膜厚の不足分をパテ面に加えることです。ごく小さな面積ですが、プラサフをスプレー塗付するためには、マスキング作業が必要です。本項では、Step 4の工程について説明します。

❶マスキング作業

　プラサフ塗装のためのマスキング作業の手順とポイントを**図3-3-5**に示します。ここで取り上げたパテ成形部分はフェンダーの一部分ですから、プラサフはスポット塗装になります。必要な箇所のみ塗装するので、塗装しない部分をマスキングします。注意して見てもらいたいポイントは、図3-3-5に示す折り返しマスキングです。同一パーツ内ではこの方法を採用します。プラサフの塗装面積は、パテ成形面積の2倍程度を目安として、マスキング範囲を決めます。折り返しマスキングのメリットはグラデーション効果です。要は、プラサフを必要としない箇所にはできるだけ薄く塗りたいからです。

❷プラサフのスプレー塗装

　図3-3-6に示すように、1回目はフェザーエッジ内部を塗り、エアを吹付けて、つやが消えたら、2回目、3回目に進みます。このように**図3-3-4**に示す

図 3-3-4 ｜ プラサフの目的

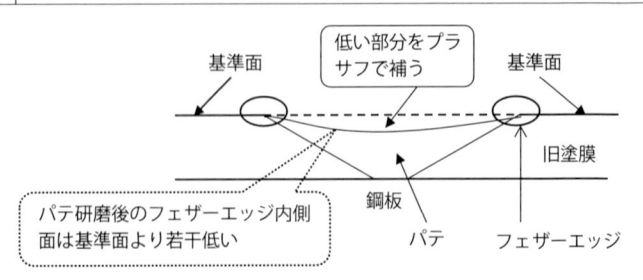

膜厚不足を補います。塗装直後のプラサフ面は高光沢なので、小さな巣穴や研ぎ足の他、"ぶつ"の付着状況がよくわかります。"ぶつ"とは異物の付着で凸部を生じる現象です。ぶつはプラサフ研磨の段階で除去しておきます。P600か、P800程度の耐水研磨紙で水研ぎしながら除去してください。もし、除去できない時には、カッターナイフの刃先や砥石でぶつを除去しますが、除去後にキズや穴ができた時にはラッカーパテでしごきます。上塗り後に小穴が見つかれば、納品できないことになりますから、プラサフ段階での小穴修正は必要・不可欠です。

図 3-3-5 | スポット塗装に必要な折り返しマスキングとは

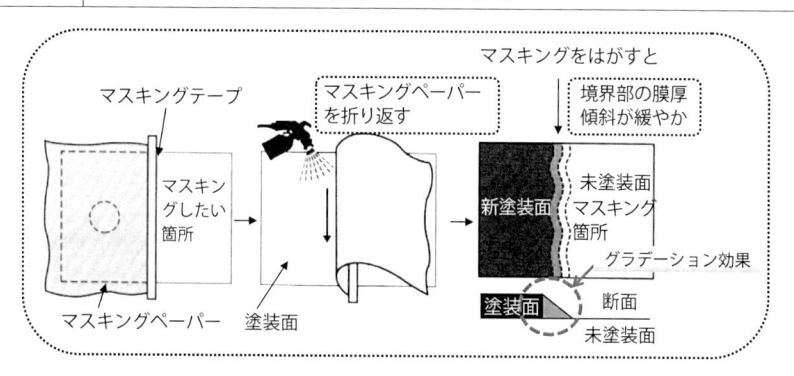

図 3-3-6 | プラサフの吹付け手順（撮影協力：JA 損害調査（株））

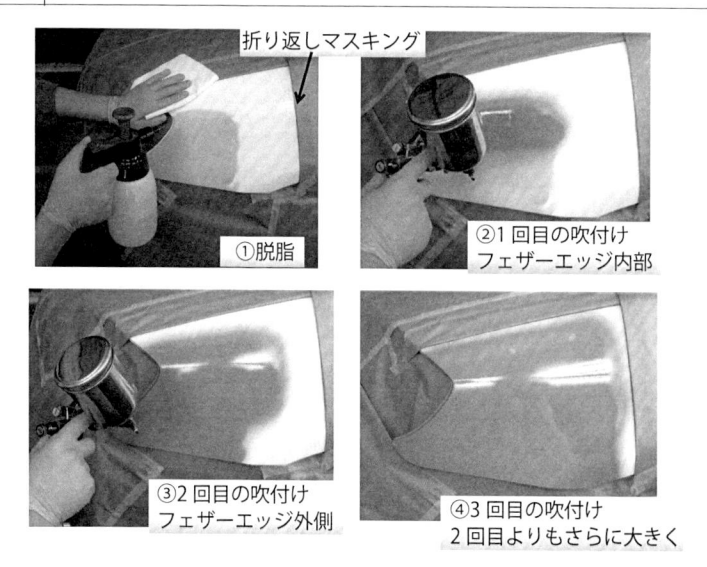

プラサフ研磨終点の見きわめ方と上塗り準備

　小さな巣穴や研ぎ足のある箇所をラッカーパテでしごくと、プラサフ研磨前の補修面は**図3-3-7**①のようになります。この面を研磨する前に、粉体タイプのガイドコートをパッドに含ませ、プラサフ面に塗り付けます。この状態からP600で水研ぎする様子を図3-3-7②に示します。図3-3-7③は研磨後の状態で、うっすらとラッカーパテが残っている箇所は穴埋めをした箇所です。研磨後に、ガイドコートの黒い斑点が無ければ研磨終了になるわけですが、研磨終点の見きわめ方について説明します。

●研磨終点の見きわめ方

　水研ぎも基準面から基準面の移動で研磨をしていきます。研磨初期には**図3-3-8**（a）に示すように、補修部外周に斑点が現れ、さらに研磨をしていくと、図3-3-8（b）のようにパテ研磨時に入った線状の研磨キズが見えてきます。この線キズが見えたら研磨の終点になります。この段階では、図3-3-8の上方に見える（c）プラサフ研磨面がパテ面を覆い、旧塗膜とほぼ同じ膜厚になります。

　次に、図3-1-2のフローチャートStep 5の上塗りに進みます。上塗りをブロック塗りすることにします。次の作業が必要です。

　（1）プラサフ時のマスキングをすべてはがし、フェンダー全面を足付け研磨する。**図3-3-9**に示すように、足付け研磨後にマスキングをはがしてもOKです。

　（2）車体に付着している水を除去し、上塗り用マスキングをする。

図 3-3-7 │ プラサフ面の水研ぎ作業

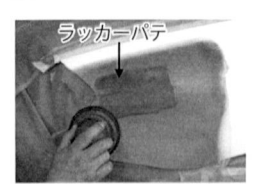

ラッカーパテ

①ガイドコートをパッドに含ませ、プラサフ面に塗り付ける（2回目）

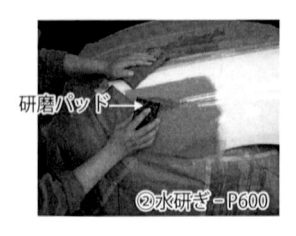

研磨パッド→

②水研ぎ－P600

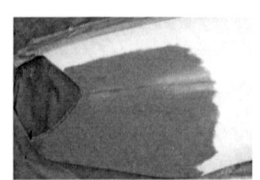

③水研ぎ後にガイドコートの黒い斑点が残っていたら、再度、ラッカーパテでしごく

（3）上塗り塗料を調色・配合し、試し吹きで合格したら上塗りを行う。

主な作業のポイントを図解しながら、本項と次項で説明します。

❷足付け研磨について

図3-3-9に示すように、プラサフ研磨面も含めたフェンダー全面を洗浄します。正常な旧塗膜に付着している油脂分や細かなゴミ・ぶつを除去するのが目的ゆえ、台所用磨き粉（クレンザー）を付けて洗います。この作業を「足付け」と呼びます。磨き粉をスラリー状にしたものがウォッシュコンパウンドとして市販されており、足付け作業に適します。

図 3-3-8 │ プラサフ塗膜研磨の終点の見きわめ

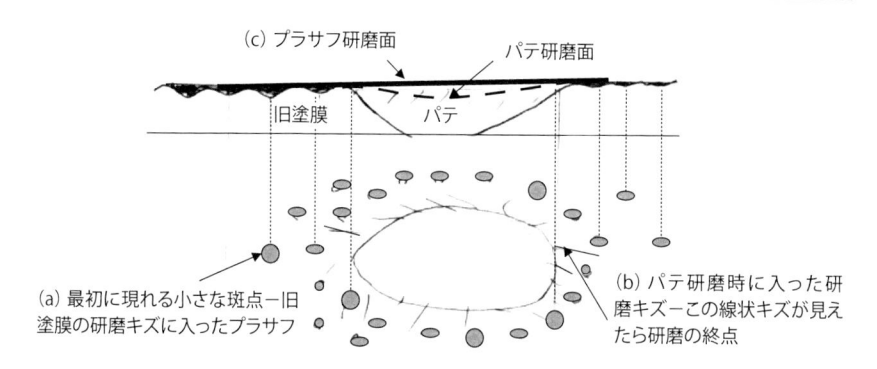

（c）プラサフ研磨面　パテ研磨面

旧塗膜　パテ

（a）最初に現れる小さな斑点－旧塗膜の研磨キズに入ったプラサフ

（b）パテ研磨時に入った研磨キズ－この線状キズが見えたら研磨の終点

図 3-3-9 │ 上塗りをするための足付け作業

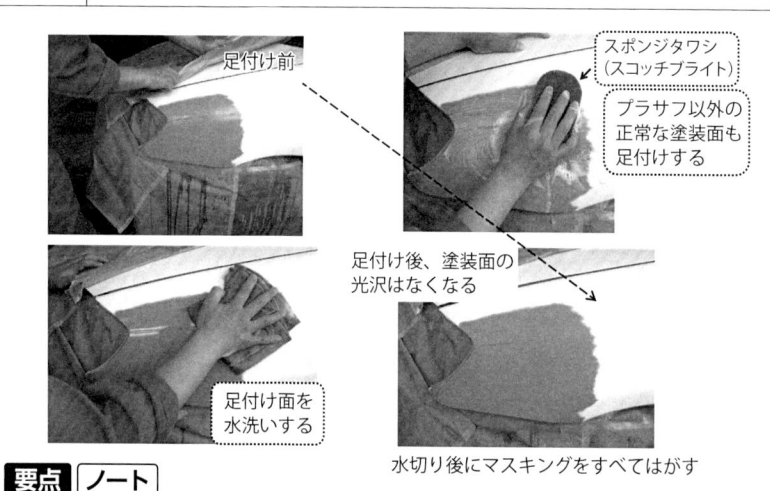

足付け前

スポンジタワシ（スコッチブライト）

プラサフ以外の正常な塗装面も足付けする

足付け後、塗装面の光沢はなくなる

足付け面を水洗いする

水切り後にマスキングをすべてはがす

要点｜ノート

> プラサフ研磨の終点はパテ研磨時に入った線状の研磨キズが見えてきた時である。この時に補修部と旧塗膜はほぼ同じ膜厚になる。

上塗り準備－マスキングと塗料の調色・配合

❶上塗り用マスキング作業

スプレーされた塗料粒子は車体内部に入り込むので、厳重にマスキングします。その様子を**図3-3-10**に示します。内部への経路を防いだ後は、**図3-3-11**に示すように、細かい所から大きな箇所へと順にマスキングしますが、ドアミラーやタイヤなどは最後にします。マスキングペーパーを主体に使用しますが、大きな箇所にはマスカーフィルムで覆っていきます。マスカーフィルムで検索すると、車両用クイックマスカーというものもありますが、建築用途のものでもかまいません。

❷上塗り塗料の調色・配合（図3-3-12）

補修では焼き付けができないので、常温でクッキー塗膜を形成する2液型ポリウレタン樹脂塗料を使用します。車体には新車時のカラーNo.が付いており、原色の配合を検索できます。配合表に従い、重量で正確に計量し、主剤を調製します。最近では、CCM（コンピューター・カラー・マッチング）装置の導入で見本帳の色番号を指定するか、色彩計で測色したデータから原色を表示でき、自動的に原色を吐出させ、目的色を作れるようになりました。主剤に対する硬化剤・シンナーの配合割合も塗料メーカーで決められています。

シンナーは環境条件で適切な揮発速度を選びます。配合後に試し吹きをしている様子を図3-3-12（c）に示します。試し吹きした手板を車体に貼り付けて、いろいろな角度から色を確認してください。必要に応じて微調整を行います。色の微調整には補色関係を知っていると便利なことがあります。たとえば、少し赤みがあるなと感じる時には、補色の青緑を数滴加えると赤みが消えます。補色を混ぜると灰色になるからです。

比色に使用する光源は大切で、図3-3-12（d）に示す人工太陽灯（D_{65}光源）もしくは蛍光灯の常用光源D_{65}を使用します。標準光源がない場合には、拡散昼光（日の出3時間後から日の入り3時間前までの直射日光を避けた北窓からの光）を用います。直射日光の下では比色をしないこと、メタリックやパールカラーでは見る方向によって違う色のように見えることがあるので、決められた条件で比色してください。

図 3-3-10 上塗りのためのマスキング作業 – 細部

室内のマスキング

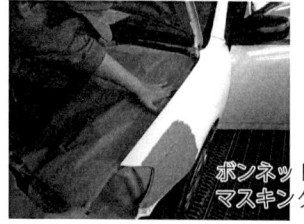
ボンネット内の
マスキング

図 3-3-11 上塗りのためのマスキング作業 – 大きく覆う場合

マスカーフィルムの使用

図 3-3-12 塗料の調色と配合

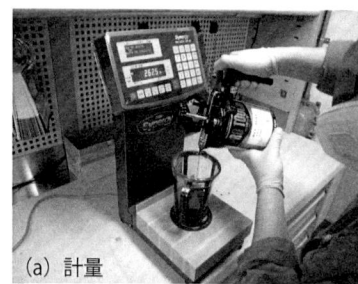
(a) 計量

（b）混合・撹拌

フロントドア

試し吹きした手板

直射日光を避け、
人工太陽灯（D_{65}ラ
ンプ）を使用する

D_{65}ランプ

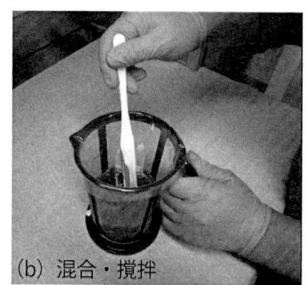

（c）色・光沢の確認-試し吹き　　（d）比色作業

要点 ノート

> マスキング作業の基本は細かい所から、大きな箇所へと進むことである。ドア
> ミラーやタイヤなどは最後にする。上塗り塗料の調色と配合は経験が上達の要
> である。

上塗り

❶脱脂作業

　塗装前に脱脂剤で塗装面を洗浄します。図3-3-13に示すように、両手にウエスを持ち、片方の脱脂剤を浸み込ませたウエスで塗装面を拭いた後、もう一方の手に持った清浄な乾いたウエスで拭き取っていきます。脱脂後、粘着布（粘着剤の付いたガーゼ）で被塗装面を拭きます。いよいよ塗装開始です。

❷上塗りーソリッドカラーの場合

　通常、3回で仕上げます。ガンの運行の基本は被塗物の長手方向に動かすことです。被塗物がフェンダーの場合、向かって左→右、右→左への往復運動になります。1回目の塗装では、図3-3-14（b）に示すように、プラサフ面が透けて見えます。塗装後に空気だけを塗装面に吹きかけながら、マスキング紙の付着塗料が指触乾燥になるのを待ちます。2回目の塗装でプラサフ面は完全に隠ぺいされました。隠ぺい力の小さな上塗り塗料を使用する場合には、プラサフの明度を上塗りのそれに合わせてください。

　以上のように、上塗りは一度に厚塗りするのではなく、光沢のある塗装面になるように塗り重ねます。塗装間隔は指触乾燥時間です。マスキング紙の付着塗料に指先をタッチしながら指触乾燥を確認します。3回目の塗装終了時には、指触乾燥になるのを待って図3-3-15に示すようにマスキングをはがします。

図 3-3-13 ｜ 脱脂方法

②清浄なウエスで拭き取るー片道運行

①脱脂剤を付けたウエスで拭き取るー往復運行

・ウエスを両手に持って、片手には脱脂剤付きウエスを、もう一方は拭き取りのみに使用する。
・左図①の次に、②が連動する。
・上塗り直前に、粘着布で被塗装面を拭き上げる。

　ソリッドカラーの場合はこれで上塗り終了になりますが、ほとんどの乗用車にはメタリックやパールなどの光輝材を含む上塗りベースとクリヤが塗装されています（図1-1-2参照）。光輝材を含む上塗りベース、およびクリヤの塗り方は本項で示したソリッドカラーのそれと異なります。光輝材の配向を乱さないように塗る技法が必要です。この点を以後の"スプレー名手への道"なる項目で説明します。

図 3-3-14｜上塗り‐ブロック塗装の作業手順

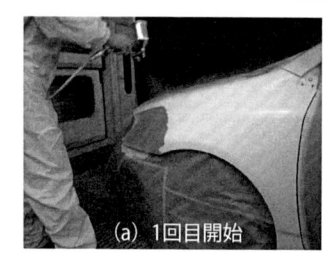
(a) 1回目開始

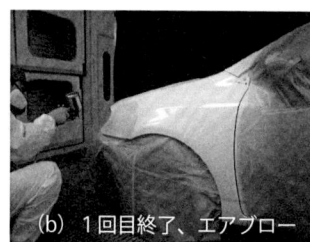
(b) 1回目終了、エアブロー

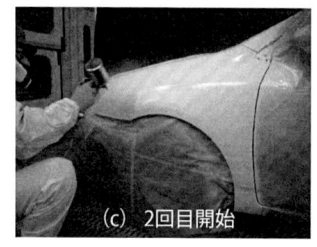
(c) 2回目開始

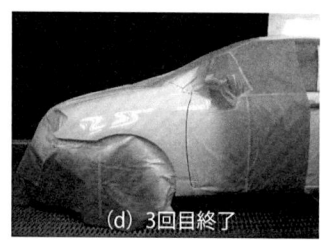
(d) 3回目終了

図 3-3-15｜マスキングはがし作業

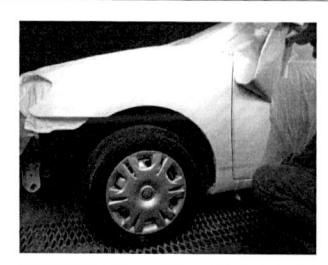

内側からマスキングした箇所

指触乾燥になったら、マスキングをはがす。塗膜はキズが付きやすいので注意する。

> **要点 ノート**
>
> 上塗り前の脱脂作業と粘着布拭きは重要であり、省いてはいけない。上塗りは通常、3回塗りで仕上げる。塗料が指触乾燥に達するまで塗り重ねてはいけない。

上塗り（スポット塗り）

　スポット塗装は同一パーツの中でボカシ塗りを行う手法です。ポイントは噴霧した上塗り塗料粒子をドライミストとして残さず、吸収できる層をいかに確保するかです。著者は**図3-3-16**に示すように、グラデーション技法で塗付したレベリング材層が上塗りの塗料粒子を溶解する方法を採用しています。なおレベリング材とは、揮発速度の遅いシンナーで過度に希釈したクリヤです。メーカーによって、レベリング剤、ボカシ剤、ニゴリクリヤーなどと呼び方は異なっています。

❶スポット塗りのポイント

　スポット塗りでは次の2点が重要です。

（1）レベリング材をボカシ領域までグラデーション技法で吹付ける。

（2）上塗り塗料をボカシ領域までグラデーション技法で吹付ける。

図 3-3-16 | 上塗りスポット塗装のポイント

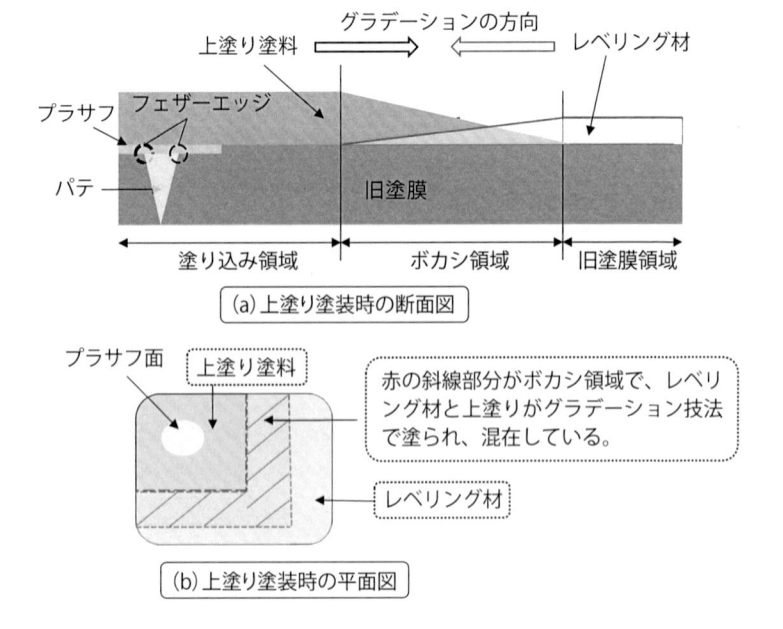

（a）上塗り塗装時の断面図

（b）上塗り塗装時の平面図

　上塗りのスポット塗り作業を行う時のボカシ塗りのおおよその範囲を**図3-3-17**に示します。新車では上塗り後に磨き工程を行いませんが、補修塗装では上塗り塗膜にゴミ・ぶつが付着したり、旧塗膜の肌と微妙に異なるなどの問題点が出てきます。とくに、スポット塗りを行うとボカシ領域付近の塗り肌が均一に仕上がっていないことがあります。これらを磨き作業で解決します。ただし、大きな凹凸はP2000で水研ぎします。

図 3-3-17 ｜ スポット塗りのポイントー各領域の目安

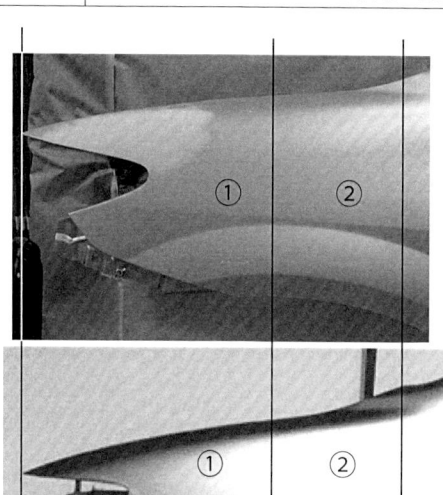

・ソリッドカラーでは②の領域がボカシ域になるから、②まで足付けをする。

・メタリック仕上げでは、クリヤ層のボカシも必要のため、下図③の領域まで足付けをする。

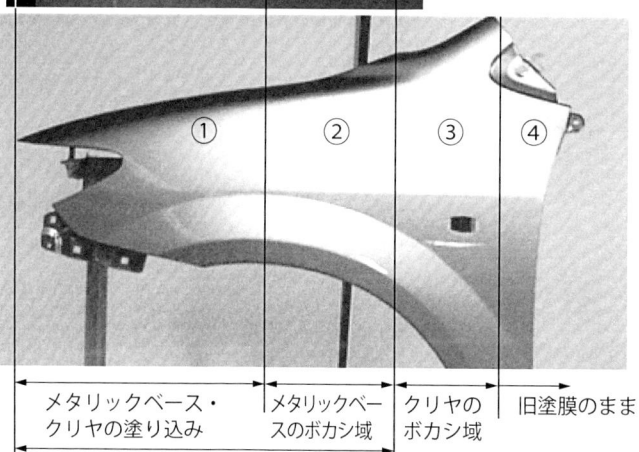

メタリックベース・クリヤの塗り込み	メタリックベースのボカシ域	クリヤのボカシ域	旧塗膜のまま

クリヤ層の塗り込み

要点｜ノート

局部的に塗って周辺部にドライミスト（乾いた噴霧粒子）を残さない塗り方がスポット塗りである。ターゲット以外の周辺部にドライミストを溶解させるシンナーリッチなクリヤをあらかじめ塗っておく手法である。

磨き作業の実践

　磨き作業とは図3-3-18に示す微粒子コンパウンド（微粒子の研磨剤をワックス中に分散させたペースト状のもの）を図3-3-18（a）に示すようにバフに付けて、ポリッシャーで円弧運動を与えて図3-3-18（b）のように塗装面を磨く作業です。一般に微粒子コンパウンドを2種類使用します。

❶磨き作業の進め方と注意点

　磨き作業の進め方と注意点についてまとめます。

（1）エッジ部にマスキングテープをする。

（2）バフにコンパウンド（極細目）を付けて、塗面に塗り広げる。

（3）バフを塗面に当ててからスイッチを入れる。回転させながら塗面に接触させない。

（4）同じ箇所を集中してかけない。

（5）摩擦熱で塗面にキズが入らないように注意する。

（6）コンパウンドが乾いてきたら、バフを取り替える。

（7）仕上げには超微粒子とスポンジバフを使用する。

　微粒子コンパウンドは漆の磨き材を真似て作ったものですが、使い勝手はコンパウンドの方が優れています。コンパウンドでは脱脂剤で簡単に拭き取れます。漆の磨きで一目置くことは、磨き工程の後に摺漆という工程があることです。凹凸面は磨き回数に伴いピッチが細かくなり、凹部にテレピン油で希釈した生漆をすり込むことで、より平滑になると同時に肉持ち感が付与されます。漆器は経時でも肉持ち感が保持できるのは、このような繊細な作業が積み重なっているからだと言えます。

❷ぶつ取りと磨き作業

　ここでは、もう1点、ぶつ取りと磨き作業について説明します。ぶつ取り作業の様子を図3-3-19に示します。大切なことは各塗装工程で発生したぶつはその段階で除くことです。上塗りベース塗膜については状況に応じて砥石、またはP1500、2000で水研ぎします。修正箇所は白く見えますが、浅いキズであれば、バフにコンパウンドを付けて磨き上げる必要はありません。修正箇所にシンナーを付けてキズが目立つかどうかを見きわめてください。ここで問題が

無ければ、クリヤ塗装で正常に復帰します。キズが観察できる場合には、バフの切り端にコンパウンドを付けて手で磨いてください。もし、プラサフ面が見える深いキズができた場合には、上塗りベースをスポット塗りし、修正してください。クリヤ塗装後に上塗りベースのぶつを除去することは困難です。

　クリヤ塗装後のぶつ取りも同様に行い、ぶつ取り後には周りの肌と合うようにポリッシャーで磨き作業を行ってください。

| 図 3-3-18 | 磨き（Polishing）作業とは |

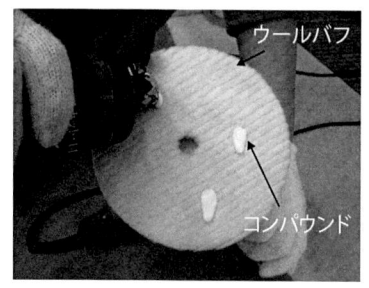

（a）バフにコンパウンドを付ける　　　　（b）磨き作業の仕上げ

| 図 3-3-19 | 上塗り塗膜のぶつ除去、磨き作業 |

（1）目視観察 – 塗装面をしっかり観察し、ゴミやぶつを発見する

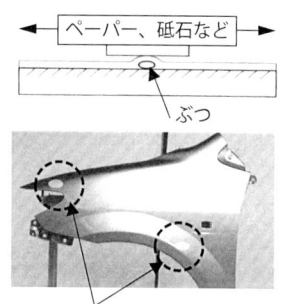

ぶつを取り除いた後の塗面、白くなる

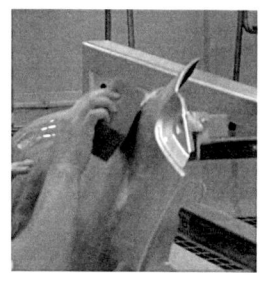

（2）P1500、2000 で水研ぎし、塗膜中に入ったぶつを取り除く。砥石を使用することもある

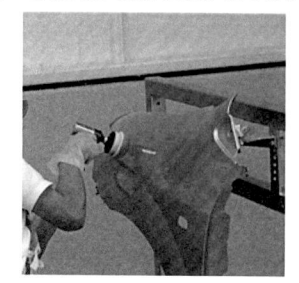

（3）ウールバフを使用し、極細目のコンパウンドで研ぎ目を消し、スポンジバフで仕上げる

（技能五輪国内大会 "車体塗装" 競技風景（2005 年山口大会）

スプレー名手への道(1)

エアスプレーガンを使いこなす技能と技術は次のStepからなります。

①Step 1：スプレー作業の基本動作

②Step 2：スプレー作業の基本設定

③Step 3：吹付け順序

④Step 4：ガンの洗浄と分解

⑤Step 5：スプレー作業の安全対策

スプレー塗装の到達点は、高光沢の塗り肌を形成させることです。たれる寸前がレベリングのベスト状態ゆえ、たれる寸前の塗り肌面の感覚を練習で培ってください。たれることを恐れて、ベストでない塗り肌状態でスプレー作業を行うと仕上がり外観が劣ります。

❶基本動作のポイント

基本動作のポイントには、吹付け距離、ガンの運行速度、および塗り重ねのピッチなどがありますが、塗り肌を見ながらこれらをコントロールできるようになってください。具体的には、次に示すことが基本です。

(1) スプレーガンの持ち方です。図3-4-1に示すように、人指し指と小指でガン本体を支持し、引き金を中指と薬指の2本で握ると安定します。吸上式ガンの重心は下方にあるので、引き金を人指し指、中指と薬指の3本で握ると良いでしょう。

(2) スプレーガンを被塗面に対して垂直に構え、片方の手はエアホースを保持し、被塗物と接触させないようにします。

(3) 手先だけでなく、腕及び足腰を含めた身体全体を使ってガンを動かせるように、すなわち、体重移動がスムーズにできるように両足を開きます。図3-4-2に示す○印のように動けることが最低限必要です。

(4) 被塗装面の前に立ち、ガンの引き金を1段目で止め（以後、1段引きと呼ぶ）、空気のみを出して被塗面に当てる操作と、ガンを動かしながら塗料の出る2段引きのタイミングを徹底して練習してください。

(5) 図3-4-3に示すように、被塗面の外側から1段引きでガンを運行し、Start pointである被塗面の端寸前で2段引きします（塗料噴霧）。被塗面の

End pointを通過したら、1段引きに切り替えます。さらに、このEnd pointがStart pointになり、図示するように往復で塗り進め、被塗装面全体を塗ります。

図 3-4-1　エアスプレーガンの調節箇所

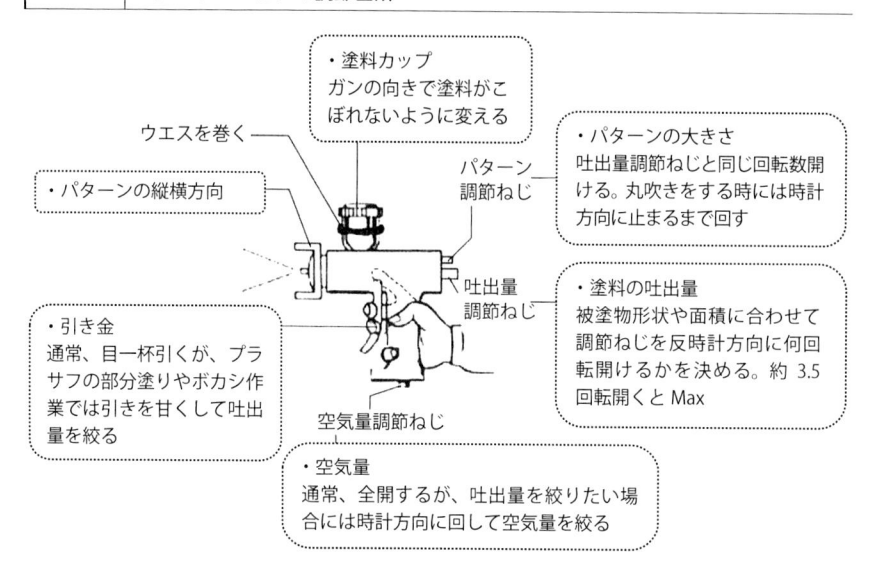

・塗料カップ
ガンの向きで塗料がこぼれないように変える

ウエスを巻く

パターン調節ねじ

・パターンの縦横方向

・パターンの大きさ
吐出量調節ねじと同じ回転数開ける。丸吹きをする時には時計方向に止まるまで回す

吐出量調節ねじ

・塗料の吐出量
被塗物形状や面積に合わせて調節ねじを反時計方向に何回転開けるかを決める。約 3.5 回転開くと Max

・引き金
通常、目一杯引くが、プラサフの部分塗りやボカシ作業では引きを甘くして吐出量を絞る

空気量調節ねじ

・空気量
通常、全開するが、吐出量を絞りたい場合には時計方向に回して空気量を絞る

図 3-4-2　スプレー操作の良い例と悪い例－ガンと被塗物との距離および向き－

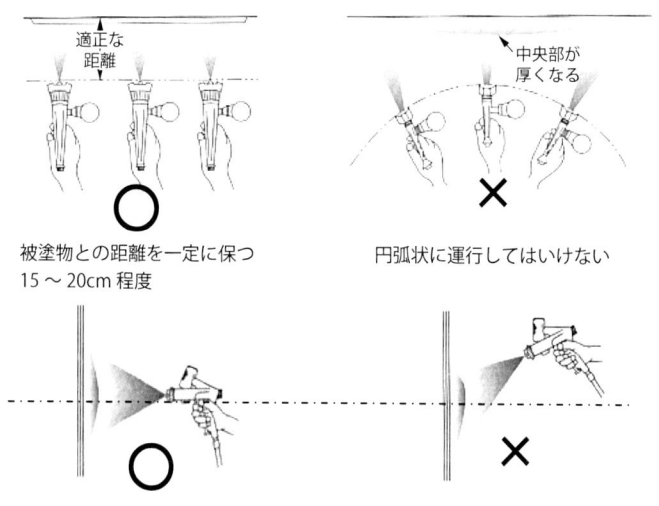

適正な距離

中央部が厚くなる

被塗物との距離を一定に保つ
15 ～ 20cm 程度

円弧状に運行してはいけない

スプレーガンは被塗物に直角に向けること

ななめに塗らない。近い側が厚くなる

図 3-4-3 | スプレー（吹付け）操作 - スプレーパターンの塗り重ね

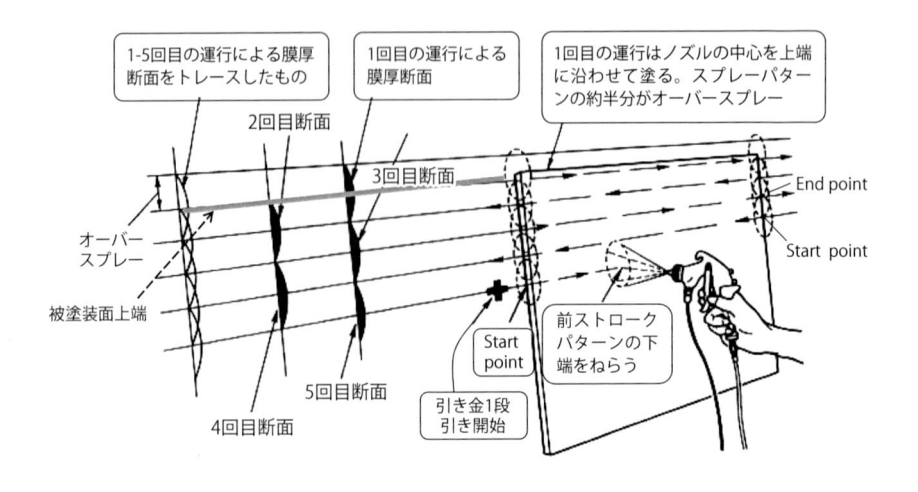

(6) スプレーパターンの塗り重ねは、**図3-4-3**に示すように、パターン幅の約1/2になるようにしますが、塗り肌の光沢が鈍い場合には、塗り重ねのピッチを狭くするか、図3-4-1に示す吐出量（塗料噴出量）を多くしてください。Step2基本設定についてのポイントをまとめます。

(1) 塗料の粘度を適性範囲に調整することを習慣づけてください。イワタ簡易カップでの塗料の流出に要する時間で示すと、上塗りベース、クリヤ、エナメルでは12秒、プラサフでは14秒程度にします。

(2) 被塗装面以外の場所に**図3-4-4**に示す丸吹きパターンを作ってください。丸吹きパターンが正常であれば、次に、だ円パターンを作ってください。この確認を必ず行い、異常があれば修正をしてください。

(3) 被塗物の形状や形態に応じて、空気圧、吐出量、パターン調節ねじを**表3-4-1**のように設定します。ガンが異なっても一つの目安になります。調節箇所は数多くあるように見えますが、「**空気圧を低くすると、吐出量が減る**」、「**吐出量、パターンねじは同じ回転数だけ開け**」と覚えておくと便利です。あくまでも目安であり、作業がしやすいように臨機応変に調節してください。入隅のある箱物の内側を塗る時には、空気圧を下げてスプレー（吹付け）します。

図 3-4-4 | スプレーパターンの調整とガンの運行方向

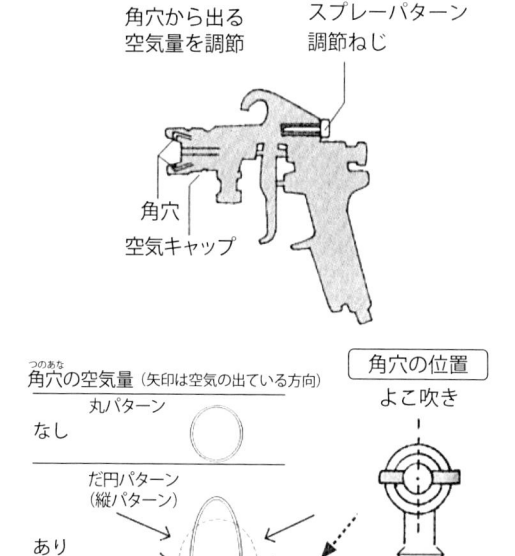

角穴から出る空気量を調節

スプレーパターン調節ねじ

角穴

空気キャップ

角穴の空気量（矢印は空気の出ている方向）

丸パターン — なし

だ円パターン（縦パターン）— あり

だ円パターン（横パターン）— あり

角穴の位置

よこ吹き

たて吹き

表 3-4-1 | 吹付け時のエアスプレーガン装置の調節例*

	車体のような入隅のない平面	入隅のある平面	箱の内側
空気圧（MPa）	0.25〜0.35	0.15〜0.2	0.1〜0.2
空気量ねじ	全開	全開	全開
吐出量ねじ	3.5回転開き	2 - 2.5回転開き	2回転開き
パターンねじ	全開	2 - 2.5回転開き	2回転開き
塗料粘度（イワタカップ）	上塗り用クリヤ、エナメル：11–13秒、プラサフ：14–16秒		

*アネスト岩田製ガン W-100を使用した時の設定例

要点 ノート

スプレー塗装の到達点は、高光沢の塗り肌を形成させることである。そのために必要な基本動作をまとめた。

スプレー名手への道(2)

❶吹付け順序

Step 3吹付け順序についてのポイントをまとめます。

基本的に、ガンを被塗物の長手方向に運行させます。右利きの人を標準にする時、車体のような入隅のない平面を塗る場合には、左から右へ、上から下へとガンを進行させます。次に入隅のある箱物を塗る場合には、図3-4-5に示すように、裏から表へ、内側（入隅、立面から平面）から外側へと、塗り進みます。ドライミストを残さず、塗り残しがないように注意してください。

続いて、Step 4ガンの洗浄と分解についてのポイントをまとめます。

ガンの操作を中断する場合には、空気キャップだけを外してシンナー容器に浸せきしてください。空気キャップの空気孔が少しでも詰まると正常なスプレーパターンが形成されません。作業終了時には、次のように洗浄します。

(1) 残塗料を塗料カップから出し、洗い用シンナーを少し入れてカップ内壁の塗料を刷毛で洗い落とします。

(2) 空気キャップの空気孔をウエスで押さえて、引き金を1段引き以上にして、ぶくぶくさせます。これで洗浄液が塗料通路を巡回します。

(3) この液を廃棄し、塗料カップの付着塗料をウエスで拭き取ります。

(4) 新たにシンナーを少量入れて（2）と同様にぶくぶくさせ、吐出します。

(5) 塗料カップと空気キャップを取り外し、塗料通路と空気孔を洗浄します。

(6) 必要に応じ、吐出量調節ねじをゆるめニードル弁と塗料ノズルを取り外し、塗料通路を洗浄します。通常は、（1）〜（5）の操作を確実に行ってください。

❷スプレー作業の安全対策

Step 5スプレー作業の安全対策のポイントをまとめます。

すべての液体塗料は引火性のある有機化合物（有機溶剤）を含みますから、人体にとって有害です。有機溶剤を皮膚に付けたり、溶剤蒸気を吸入しないでください。そのためには、耐溶剤性手袋、防毒マスク、安全ゴーグルが必要です。吹付け作業時には、これら3点の他に防じん服（導電性あり）を着用します（図3-4-6参照）。スプレー時には、ガンを素手で持ち、通電靴を履いて、作業

者が帯電しないように注意してください。有機溶剤を扱う場合の酸欠、火災対策については、第2章"塗装作業者のための実務7ヶ条"にまとめてあります。

　有機溶剤を使用しない塗膜はく離、研磨作業では、必要に応じて、防じんマスク、安全ゴーグル、軍手、作業帽を着用してください。

図 3-4-5 ｜ 入隅のある箱物の塗り順と塗り方例

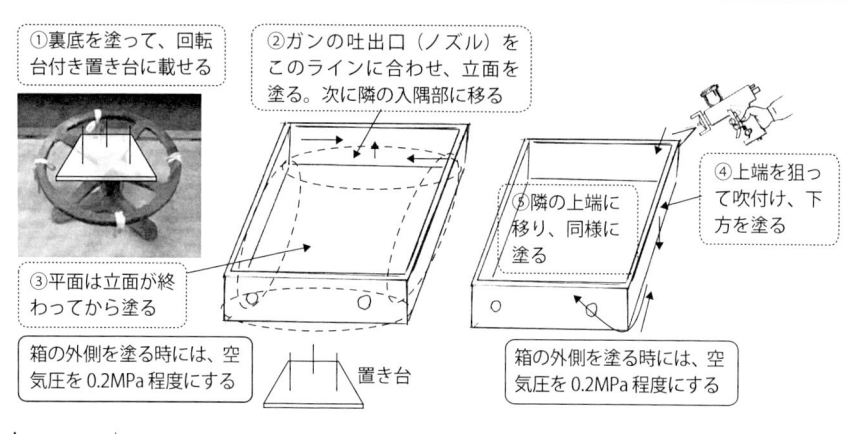

①裏底を塗って、回転台付き置き台に載せる

②ガンの吐出口（ノズル）をこのラインに合わせ、立面を塗る。次に隣の入隅部に移る

③平面は立面が終わってから塗る

④上端を狙って吹付け、下方を塗る

⑤隣の上端に移り、同様に塗る

箱の外側を塗る時には、空気圧を 0.2MPa 程度にする

置き台

箱の外側を塗る時には、空気圧を 0.2MPa 程度にする

図 3-4-6 ｜ 作業時の服装

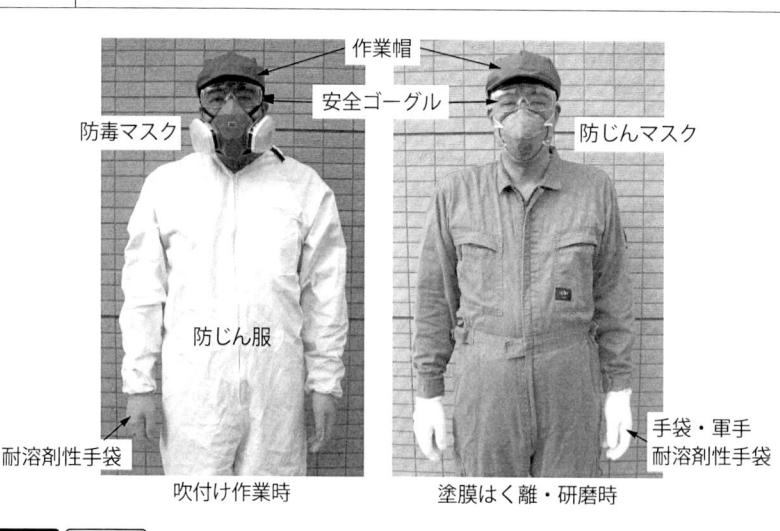

作業帽

安全ゴーグル

防毒マスク

防じんマスク

防じん服

耐溶剤性手袋

手袋・軍手　耐溶剤性手袋

吹付け作業時

塗膜はく離・研磨時

要点｜ノート

塗装する前に必ず丸吹き、だ円パターンをチェックする。被塗物の形状や形態に応じて、空気圧、吐出量、パターン調節ねじを変え、ドライミストを残さず、塗り残しがないように注意する。

スプレー名手への道(3)

❶上塗りベースおよびクリヤの塗り方

　簡潔にまとめると、**図3-4-7**のように塗ります。アルミニウム粉やパール粉は膜面方向に平行に配列・配向してくれた方が光輝性を増します。注意すべき点は、上塗りベースを高光沢が出るように厚塗りしないことです。次のように塗ってください。

（1）雲がかかったように半つや状態で塗って、指触乾燥まで待ってください。

図 3-4-7 │ 上塗りベースとクリヤの塗り方例

◎メタリックベース、パールベースの塗り方

1 全面を霧状態で塗る

2 ガンで全面にエアを吹付け、溶剤を揮発させる

3 つや有り状態で、薄く塗り込む

4 エアを吹付け、むらが生じたときには遠距離から吹付け、むらを消す

5 つや有り状態で、塗り込み、エアを吹付ける

6 シンナーを約20%追加して、半つや状態で均一に塗り重ねる

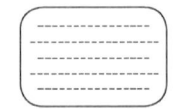

むら

◎光輝材ベースの塗り方

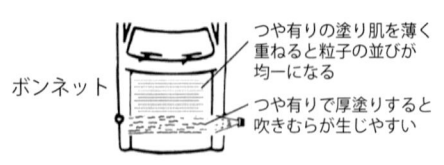
ボンネット
つや有りの塗り肌を薄く重ねると粒子の並びが均一になる
つや有りで厚塗りすると吹きむらが生じやすい

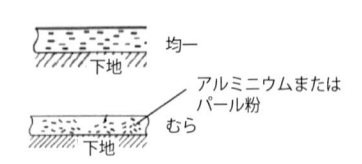
均一
下地
アルミニウムまたはパール粉
むら
下地

◎クリヤの塗り方：3回に分けて塗る

1 全面を霧状態で塗る

2 ガンで全面にエアを吹付け、溶剤を揮発させる。光輝材が動かないようにシールする

3 指触乾燥になったら、高光沢の塗り肌で全面を塗り込む

4 エアを吹付け、③と同様にして塗り込む

(2) 塗り肌に光沢が出るように薄く塗ります。

(3) 指触乾燥まで待って、光沢面を塗り重ねます。

(4) 塗り肌にムラが無ければ、3回塗りで終了です。

次にクリヤですが、次のように塗ってください。

(1) クリヤも1回目は雲状態で吹付け、空気を吹付けて溶剤を飛ばし、光輝材が動かないようにシールします。

(2) 指触乾燥になったら、今度は高光沢の塗り肌になるように塗り込みます。同様に、空気を吹付けます。

(3) 指触乾燥になったら、もう一度、高光沢の塗り肌で塗り込みます。

以上のように上塗りベースもクリヤも通常、3回塗りで仕上げます。

❷補修後のプラサフの塗り方

もう1点、パテ研磨後のプラサフ塗装も大切です。図3-4-8に示すようにパテ部を塗り重ねます。この時、旧塗膜側の吹き始めと吹き終わりは塗付量が少なくなるように塗ります。このテクニックを身につけてください。習熟するとプラサフ塗装の周辺部にはドライミストが少なくなり、塗装面がしっとり肌になることを実感できます。

図 3-4-8 ┃ 補修部のプラサフの塗り方例

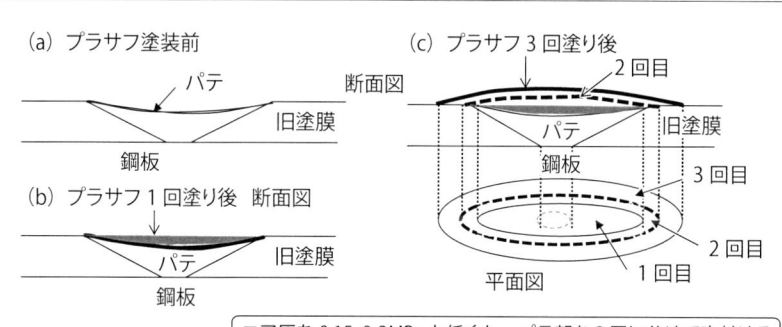

(a) プラサフ塗装前

パテ
旧塗膜
鋼板

(b) プラサフ1回塗り後　断面図

パテ
旧塗膜
鋼板

(c) プラサフ3回塗り後

断面図
2回目
パテ
旧塗膜
鋼板
3回目
2回目
1回目
平面図

エア圧を 0.15-0.2MPa と低くし、パテ部を3回に分けて吹付ける

要点 ┃ ノート

メタリックやパールなどの上塗りベースとクリヤを塗る時には、光輝材粒子を膜面方向に配向させ、安定化させる。

車の補修作業に必要な器工具類と塗装材料

　車の補修作業から板金修正を除くと、塗装工程の各作業は**図3-5-1**で示されます。これは教材車のフェンダーを試験体にしたもので、塗膜はく離、フェザーエッジの形成、パテ付け、パテ研磨、マスキング（養生）、プラサフ塗装、研磨、脱脂、そして上塗り塗装からなります。これらの作業に必要な器工具・機器・材料を抽出すると**表3-5-1**のようになります。

図 3-5-1 ｜ 車補修塗装の工程

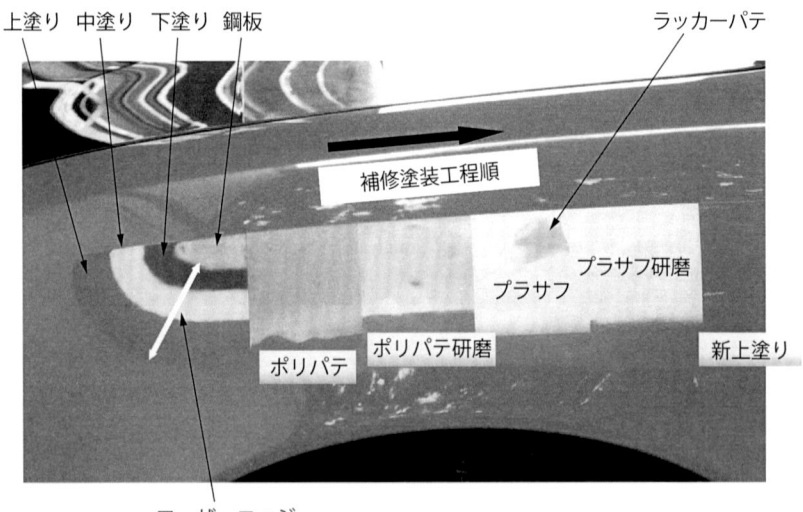

上塗り　中塗り　下塗り　鋼板　　　　　　　　　　　ラッカーパテ

補修塗装工程順

プラサフ研磨

プラサフ

ポリパテ研磨

ポリパテ

新上塗り

フェザーエッジ

表 3-5-1 車補修塗装工程の作業に必要な器工具と塗装材料

(a) パテ付け・研磨に必要な器工具と材料

作 業 名	使 用 機 材
フェザーエッジ	ダブルアクションサンダー
	サンダー用ペーパー（P120, 180, 240）
	エアホース
パテ付け	定盤
	パテベラ
	研磨紙（P1500）-ヘラ調整用
	脱脂剤（溶剤類）
	ウエス
	ポリパテ
	ポリパテ硬化剤
パテ研磨（成形）	当て木、研磨ブロック
	空研ぎ用研磨紙（P120, 180, 240）
	ガイドコート

(b) 上塗りに必要な器工具と材料

作 業 名	使 用 機 材
塗装部足付け	ウオッシュコンパウンド
	スカッフソフト（P600）
	バケツ、スポンジ
	ゴムベラ、雑巾（水切り用）
	エアガン
上塗り（ソリッド）	シリコンオフ
	ウエス
	スプレーガン
	ペイントフィルター（ストレーナー）
	タッククロス(粘着布)
	塗料容器
	かく拌棒
	2液型ポリウレタンエナメル 主剤
	同上用硬化剤
	希釈シンナー（標準・遅乾）
	ボカシレベリング剤

(c) プラサフ塗装・研磨に必要な器工具と材料

作 業 名	使 用 機 材
足付け(プラサフ用)	スコッチブライト（P600）
プラサフ塗装	2液型ポリウレタンプラサフ 主剤
	同上用硬化剤
	脱脂剤（溶剤類）
	ウエス
	スプレーガン
	ペイントフィルター（ストレーナー）
	タッククロス(粘着布)
	マスキングペーパー、テープ
	塗料容器
	かく拌棒
	仕上げパテ（ラッカーパテ）
プラサフ研磨	研磨ブロック、当てゴム
	耐水研磨紙（P600・800）
	ガイドコート
	バケツ、スポンジ
	ゴムベラ、雑巾（水切り用）
	エアガン

(d) 磨きに必要な器工具と材料

作 業 名	使 用 機 材
みがき	電動ポリッシャー
	電源コード
	タオルバフ
	スポンジバフ
	ぶつ取り用研磨紙（P2000）
	コンパウンド（極細・超微粒子）
	艶出し剤
	バケツ、スポンジ
	ゴムベラ、雑巾（水切り用）

要点 ノート

作業を合理的に管理するために、見本品（試験体）を作製したり、作業に必要な器工具と塗装材料を一覧表にまとめることは大切である。

ディスクサンダー・手研ぎ工具類・養生材料

　塗膜はく離、および研磨に使用するエアサンダー類は本章図3-1-8にまとめました。表3-5-1に示す一覧表を見て、見当の付かないものがあったら確認してください。この一覧表は自分用のメモにと作成しました。読者の皆さんも仕事をしやすくするために、このようなメモがあれば重宝だと思います。

　手研磨用の工具類を図3-5-2に示します。耐水研磨紙、当てゴム（研磨ブロック）、ゴムベラ（水切り用）、バケツ、スポンジなどを用意します。研磨紙は、空研ぎ用、水研ぎ用（耐水研磨紙）、および研磨布に大別されます。水研ぎ用には耐水研磨紙と表示されているものを使用してください。

　次に、養生材料を図3-5-3に示します。汚してはいけない場所、および塗料を塗らない箇所を覆う作業を養生、またはマスキングと言います。養生作業のポイントを以下に示します。図3-5-3の（c）オーバーマスキングで塗り不足箇所を作らないようにする方法例、（d）広い面積をマスキングする場合の方法例、（e）テープ類は塗装後、指触乾燥になったらはがすことが原則で、その時のテープ類のはがし方を参照してください。

| 図 3-5-2 | 手研磨水研ぎ用器工具の例 |

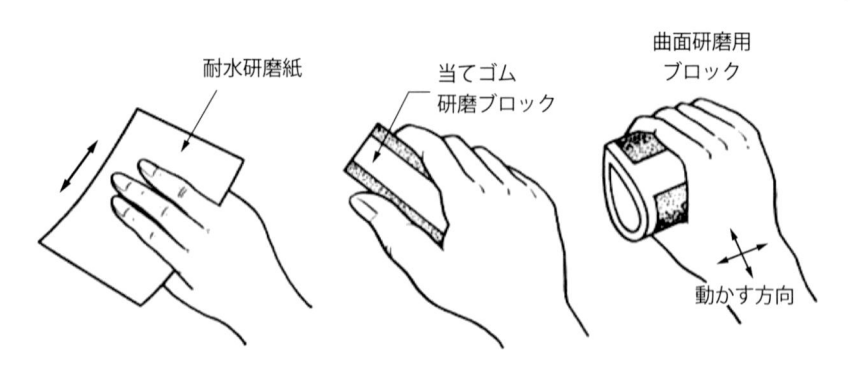

図 3-5-3 マスキングテープ類と使い方

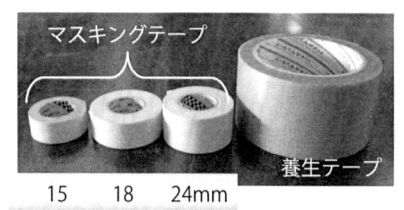

(a) マスキングテープ

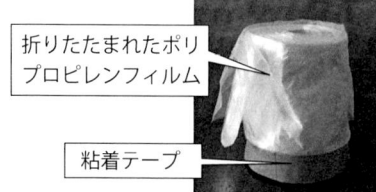

折りたたまれたポリプロピレンフィルム

粘着テープ

粘着テープ付き養生フィルム
(b) マスカーテープ

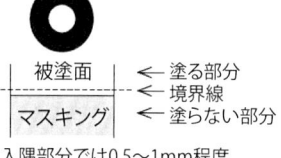

被塗面

マスキング

←塗る部分
←境界線
←塗らない部分

入隅部分では0.5〜1mm程度、下げてマスキングテープを貼る

マスキング

←塗る部分
←境界線
←塗らない部分

オーバーマスキングのため、塗り残しとなる

(c) 塗り残しを作らないようにする方法例

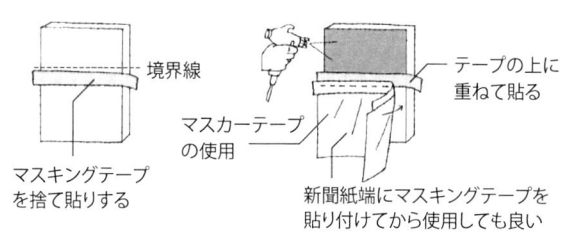

境界線

マスキングテープを捨て貼りする

マスカーテープの使用

テープの上に重ねて貼る

新聞紙端にマスキングテープを貼り付けてから使用しても良い

(d) 広い面のマスキング方法例

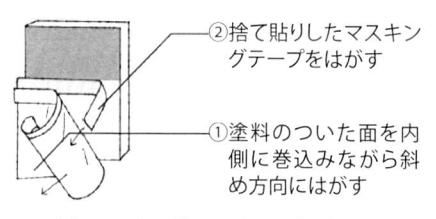

②捨て貼りしたマスキングテープをはがす

①塗料のついた面を内側に巻込みながら斜め方向にはがす

(e) マスキングテープのはがし方

要点 ノート

塗装作業には小物が多く必要であり、研磨紙やテープ類などの消耗品を管理し、欠品のないようにすることが大切である。

エアスプレー（吹付け）塗装装置

　外気から空気を取り入れて圧縮し、その加圧空気を貯める装置を「エアコンプレッサ」と呼びます。図3-5-4に示すように、エアガンに供給するにはエアトランスホーマーによって所定圧力に調整する必要があります。スプレーガンで霧化した塗料を噴出すればたちまち室内は噴霧粒子で充満しますから、無用の噴霧粒子を排出する塗装ブースなる装置が不可欠です。車の補修塗装分野では、プッシュ・プル型の箱形ブースが一般的に使用されています。装置の一例を図3-5-5に示します。

　プッシュ・プルとは、外気をブース内に押し入れて、ブース内の空気を引張って排気するという意味です。作業者にとって安全な作業環境が作られます。排気方法は床下近辺で捕集し、高所へ排気します。排気量に比べ、給気量をやや多めにすれば、ブース内は少し加圧され、ぶつは入りにくくなります。給気側、排気側のフィルターを定期的に保守することでゴミ・ぶつの無い環境にします。

図 3-5-4 ｜ エアスプレー塗装装置

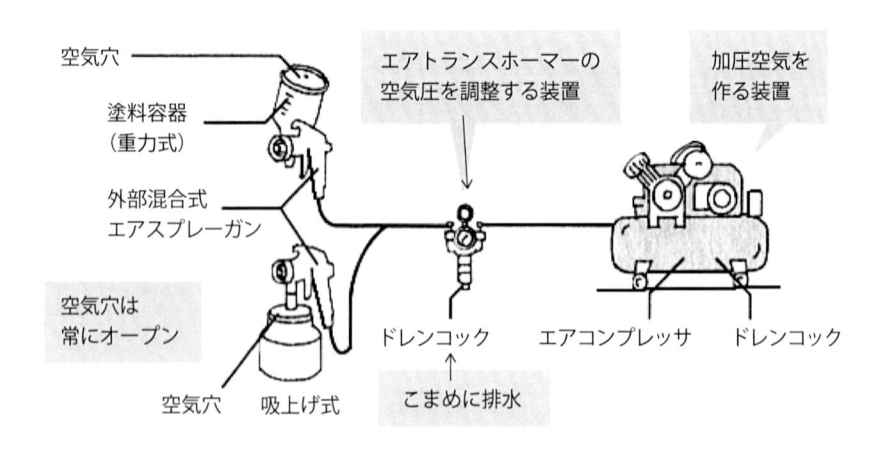

図 3-5-5 │ プッシュ・プル型スプレーブースの基本構造

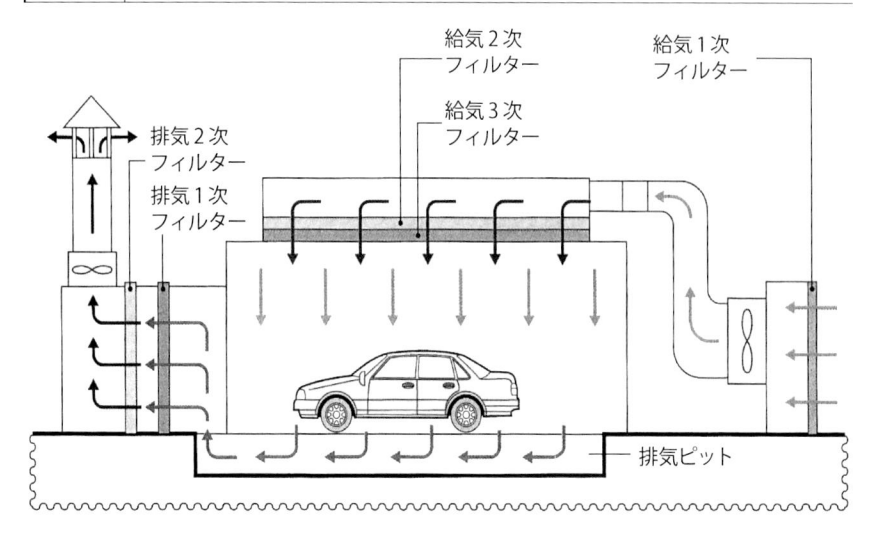

給気2次フィルター
給気3次フィルター
給気1次フィルター
排気2次フィルター
排気1次フィルター
排気ピット

出典：「自動車塗装ハンドブック」p.7、ロックペイント（2004）

要点 ノート

塗装作業に必要な塗装装置として、エアコンプレッサ室・配管設備・圧力調整装置、並びに塗装ブースがある。点検項目を周知し、良い状態を維持することが良い仕事に繋がる。

ミニコラム

● ボンネットの磨き作業 ●

上塗りとして、2液型ポリウレタン黒エナメルを吹付けた塗装面は、それなりに仕上がっていますが、もっと鮮映性が欲しいと思い、図に示すように水研ぎ研磨、磨き仕上げをしました。研磨・磨き作業で鮮映性は明らかに向上しています。

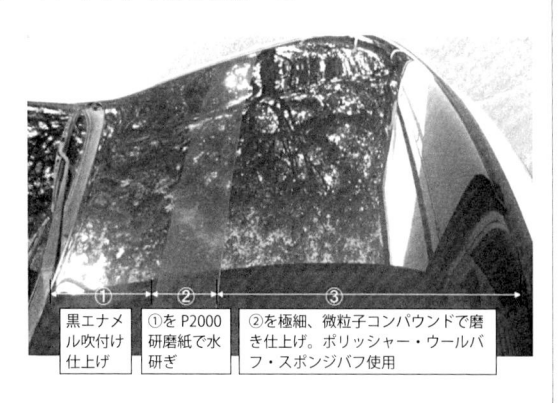

① 黒エナメル吹付け仕上げ
② ①を P2000 研磨紙で水研ぎ
③ ②を極細、微粒子コンパウンドで磨き仕上げ。ポリッシャー・ウールバフ・スポンジバフ使用

● ピアノの鏡面塗装ライン（2） ●

　塗料には一度に厚塗りできる不飽和ポリエステル樹脂塗料を採用し、平面部材を2ヘッド式カーテンフローコーターで、小物や曲面部材はスプレー塗装をします。厚塗りするだけでは平滑面に仕上がりませんから、研磨と磨き工程が重要になります。研磨作業は塗装よりも手間がかかるので、能率的な方法を検討し、平面にはベルトサンダー、レベルサンダーなどの研磨機械を、曲面には手研磨、エアーサンダーなどを使用します。素地研磨と中塗り塗膜の研磨工程では、研磨紙の番手はP180〜280を適宜選択します。上塗り塗膜の研磨にはP400、P600のような細かい粒度の研磨紙を使い、その後には、ポリッシング用コンパウンドでバフ研磨をして研磨痕を取り、ワックスでつや出しを行います。

　下の**写真**は、研磨ロボットの作業の様子です。

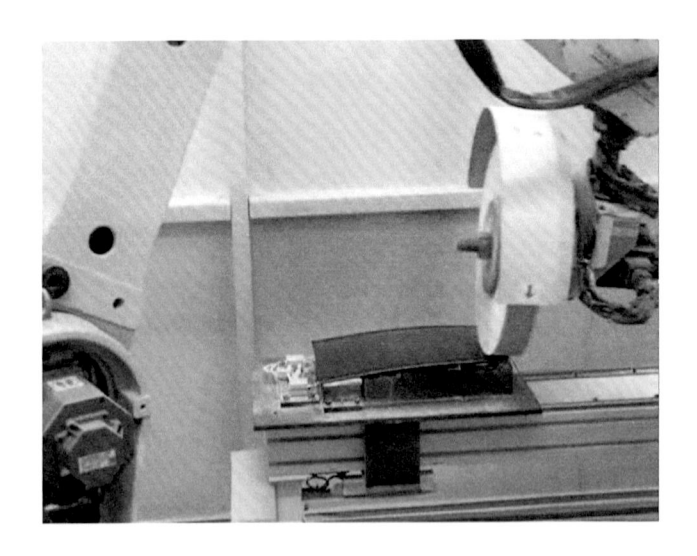

【 第**4**章 】

良い塗装をするために

液体塗料の粘度

　私たちの周りには、水、油、シャンプー、マヨネーズ、ジャムなどさまざまな液体がありますが、シャバシャバしたものからドローッ、ボテボテしたものまで流動の様子が皆、違っているように感じませんか？

❶粘度の求め方と塗装に適する粘度

　塗装材料の流動性もパテから、クリヤ、エナメル、分散液（エマルションなど）に至るまで変化に富んでいます。これらは必ず流動状態を経て固化します。平滑な良い外観に仕上げるためには塗装方法にあった流動性（粘性と弾性）が必要ですが、おおまかには粘度で液体の流動性を比較します。まず、20℃で水の粘度は、1 mPa・s（ミリパスカルセコンド）で、天ぷら油のそれは約100倍大きいと理解してください。偉大な科学者であるニュートンは粘性率（粘度）を次式で定義しました。

　　　（かき混ぜに要する力）＝（粘性率）×（かき混ぜ速度）　　　（1）

　式（1）に従う液体を「ニュートン流体」と呼びます。かき混ぜ速度が一定の時、油は水に比べて約100倍の力を要します。**図4-1-1**に示す回転粘度計を使用すると、式（1）に従う粘度が求まりますが、通常の作業では、簡易的に**図4-1-2**に示す粘度カップを使用し、カップ内の塗料の流出時間を計測します。式（1）の粘度と流出時間との関係は**図4-1-3**のように示され、60秒程度までは比例関係が成立します。エアスプレーガンでは12秒程度（約20-40 mPa・s）に調整しますが、この塗料を刷毛塗りすると粘度が低すぎてうまく塗れません。

　塗装方法ごとに塗料の粘度には適正な範囲があります。

❷塗装作業性の良い塗料のからくり

　樹脂溶液中に**図4-1-4**のように微粒子を分散させると、静置している時には粒子の連結で固体の性質（弾性）を与え、塗る時には粒子がバラバラになり、流れやすくなります。その結果、小さな力で塗れ、塗装後は粒子の連結で粘度が一気に上昇するため、たれない性質を付与することができます。きれいに塗るための塗料のからくりがここにあります。

図 4-1-1　回転粘度計

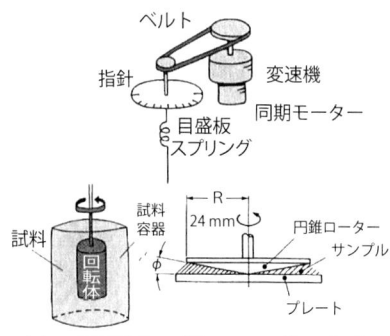

かき混ぜ速度 vs. かき混ぜ力

（a）二重円筒式　（b）コーンプレート式

回転粘度計：流動性の解析に必要

図 4-1-2　簡易粘度カップ

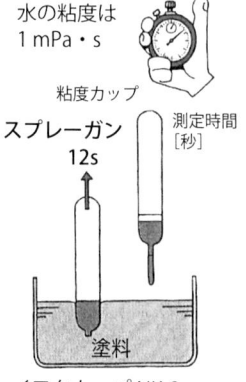

水の粘度は
1 mPa・s

粘度カップ

スプレーガン
12s

測定時間
[秒]

塗料

イワタカップ NK-2
（容積 50 ml、流出口 φ 3.5）

図 4-1-3　粘度カップによる流下時間と粘度の関係

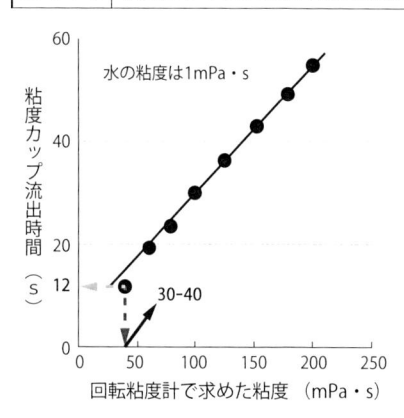

ニュートン流体では、直線関係
ニュートン流体以外では、
直線関係が成立しない

試料：粘度計校正用標準液（油）、ニュートン流体
粘度カップ：イワタカップ NK-2
回転粘度計：二重円筒式 B型粘度計

図 4-1-4　作業性の良い塗料のモデル

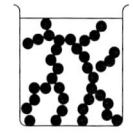 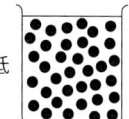

高 ⟷ 低
粘度

流動性の
からくり

（a）放置する
（構造ができる）

（b）強くかき回したり振ったりする
（構造が壊れる）

要点 ノート

塗装時と乾燥過程で生じるいろいろな現象を整理し、それらを適切にコントロールする技術を習得すると良い塗装ができる。

流動性の解析

【1 流動性を見る目―作業性の評価―

刷毛塗り時に塗料に加えられる力と、塗料が受ける変化を紙束モデルで説明すると図4-1-5のようになります。塗装時の塗料には紙の束のようにずらす力Fが加えられ、その結果、紙と紙の間には速度と力Fが比例関係にあることを学習します。刷毛塗り時に速度と力Fが比例関係にあることを示しました。ここでは、力Fと変形速度を定量的に表示することを学習します。

❶ずり速度D

図4-1-5に示すように、Fという力が1枚の紙（面積をAとする）に作用し、隣り合う紙も速度vで動いたと仮定します。単位厚さ当たりには、dv/dyなる速度勾配が生じたことになります。ずり速度（以後、Dと略）とは速度勾配であり、D=dv/dyです。刷毛塗り時に刷毛を速く動かしたり、容器中の塗料を速くかき混ぜるほどDは大きくなります。

2枚の紙の間の速度差がdvであるから、流れ方向には1秒間でdv・tなるずり方向の変形量が生じます。変形量は紙の厚みに依存するので、単位厚み当たりで計算すると、ずりひずみε（ε=dv・t/dy）が求まります。さらに、εの時間変化率dε/dt=dv/dyとなり、D は単位付き塗付厚さ当たりの速度勾配であり、塗料がずける受けるずりひずみの時間変化率、すなわち、ずり速度になります。そして、Dのディメンションは [s⁻¹] です。

❷ずり応力σ

刷毛塗り時に塗料に加えられる力Fは内部摩擦力と呼ばれ、液体の粘っこさを表します。これを粘性率ηとして、σとDとの関係は式（2）で表されます。単位面積当たりの力F/Aとして表します。紙束をずらすために加えるので、ずり応力σと呼びます。σ=F/A、ディメンションは [N/m²]=[Pa] です。

❸粘性率η

紙と紙の間に作用する力Fは作用する面積によって異なるから、単位面積当たりの力F/Aとして表します。ディメンションは [N/m²]=[Pa] です。

$$\sigma = \eta \cdot D \qquad (2)$$

塗料のσ-D関係は図4-1-6で示すように、原点を通る直線Aタイプ（粘性流体、またはニュートン流体）と降伏値を示すBタイプ（塑性流体、またはビ

148

ンガム流体）に大別できます。粘度ηはσ〜D関係直線の傾きを表し、次式で計算できます。ディメンションは〔Pa・s〕です。

$$\eta = \sigma/D \qquad (3)$$

降伏値を示すBタイプのσ〜D関係は曲線になりますが、任意のDにおいて(3)式でηを求めます。これをみかけの粘度η_aと呼びます。η_aはDの増大に伴い低下しますが、原点を通る直線AタイプのηはDに依存しません。η〜D関係は図4-1-7のように示されます。

図 4-1-5 ｜ 刷毛塗り時に塗料に加えられる力と塗料のずり変形

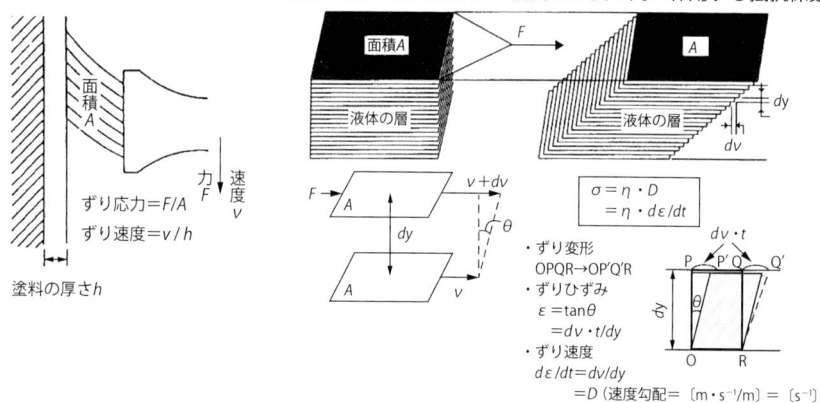

図 4-1-6 ｜ σ〜D 関係

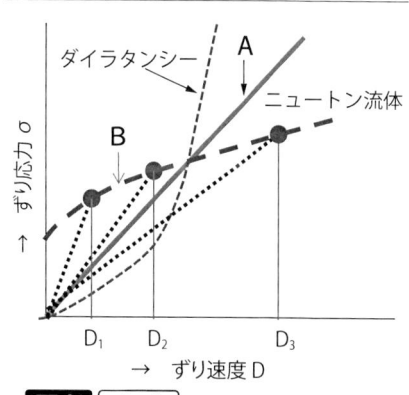

図 4-1-7 ｜ η〜D 関係

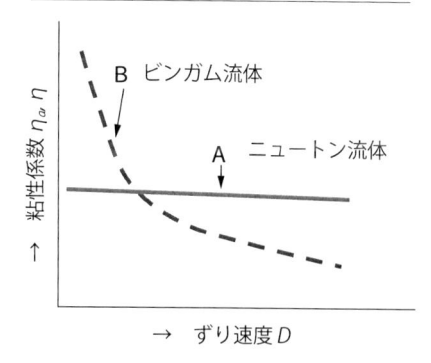

要点 ノート

図 4-1-4 に示す塗料モデルの流動性は図 4-1-7 の B タイプで示され、D の低い領域（塗装をやめた状態）ではみかけの粘度η_aが高く、D の高い塗装時の領域ではη_aが低いことを示している。

チキソトロピー

　前項で紹介したビンガム流体は塗料中に微粒子が分散しており、連結すると構造を形成し、η_aが大きくなると説明しました。この液体は固体の性質と液体の性質を併せ持っている粘弾性体であり、固体の性質（弾性要素）が大きいかどうかを調べるのに次項で説明する降伏値を計測します。ビンガム流体の特徴を要約すると、1）$\eta_a \sim$ D関係曲線から計算できるチキソトロピー指数T.I.値から降伏値を予測できます。2）一般に、チキソトロピー（η_aが経時で変わる）と言う性質を持っています。**図4-1-8（a）**に示す曲線から、T.I.値を次式で求めます。

$$\text{T.I.} = \eta_1 / \eta_{100} \tag{4}$$

　η_1、η_{100}は、それぞれずりD＝1、100におけるみかけの粘度η_aを表しますが、このD値は自由に設定してもかまいません。

　次は、チキソトロピーの説明です。かき混ぜると構造が破壊され、図4-1-8（b）に示すように、η_1から経時で低下し、静置すると、構造形成が始まり、η_2まで回復してきます。構造再形成の速さはη_2/η_1値で比較でき、この値が1に近づく時間が短いほど構造再形成は速いと言えます。

図 4-1-8 ｜ ビンガム流体の特徴

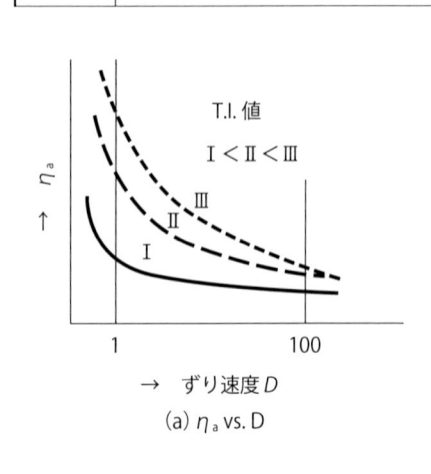

(a) η_a vs. D

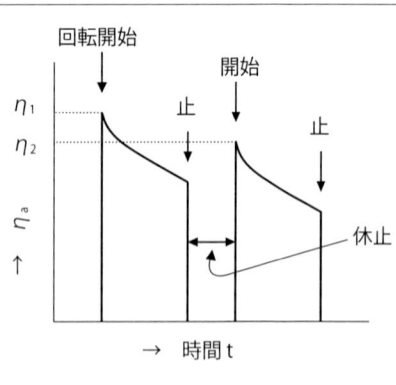

(b) η_a vs. t

〔1 流動性を見る目―作業性の評価―

降伏値

　図4-1-8（a）に示すように複数のビンガム流体がある時に、固体の性質が強いかどうかを調べるために降伏値を計測します。簡易的には、前項のT.I.値で降伏値の大きさを比較することができます。図4-1-8（a）に示す3種の流体のT.I.値はⅠ＜Ⅱ＜Ⅲの順に大きく、降伏値も同じ順位になります。しかし、定量的に評価したい時には、降伏値の絶対値が必要です。ここでは、降伏値の求め方を伝授します。

　コーンプレート型回転粘度計（図4-1-1）を使用して、回転数を一連に変えて流動抵抗力を測定し、ずり応力σとずり速度Dの関係を**図4-1-9**に示します。一例として、分散性の悪いチタン白ミルベースσvs. D関係を図（a）に示します。D＝0のσが降伏値σ_0になりますが、グラフから読み取るよりも便利な方法があります。それは、次に示すCasson式を利用する方法です。

$$\sigma^{1/2} = k_0 + k_1 D^{1/2} \qquad (5)$$

　式（5）を用いると、図（a）に示す曲線は、図（b）に示すように良好な直線関係になり、切片k_0の2乗値が降伏値σ_0となります。図（b）より、$\sigma_0 = (6.61)^2 = 43.7$ Paです。塗ってみると、塗料にのびが無く、うまく塗れません。これは固体の性質が強く、液体の性質（粘性）が不足しているためです。

図4-1-9 Casson プロットから降伏値を求める方法

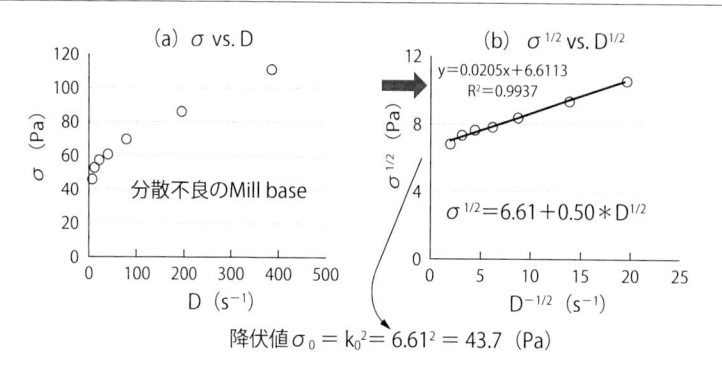

表面張力とは

　流動性と表面張力が関与するレベリング現象を**図4-2-1**に示します。

　ローラ塗り直後の塗面は図に示すようにローラマークができますが、表面張力の作用で平坦化するように流動します。この現象を「レベリング」と呼びます。このように流動性と表面張力がバランスすると良い仕上がり外観になりますが、バランスが崩れると、たれたり、ゆず肌になります。ここでは、表面張力とはどんな力なのかを説明し、仕上がり面の状態をいくつか取り上げます。

❶表面張力の正体

　"水は表面張力が高いからプラスチック表面にぬれにくい"とか、"ふっ素コートのフライパンは油もはじく"とよく言われます。まず、表面張力の正体ですが、**図4-2-2**の水分子について考えてみましょう。空気と接している水分子をA、内部の水分子をBとします。内部の水分子Bは周りのすべての水分子との間に引っ張り合いがあるため、持て余しているエネルギーはありません。

図4-2-1 表面張力を見る目－仕上がり外観

塗装時は
ローラマークが

ローラ塗りの跡（ローラマーク）が残っている

表面張力

塗料

素材

表面張力（表面積を小さくさせる力）
が作用し、平坦化流動が起きる

↓

塗料　　平滑面になる

素材：被塗物

厚く塗るほど、ピッチが小さい
刷毛目ほどよくレベリングする

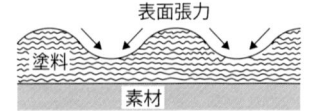

乾燥過程でローラマークは消えて行
く。この現象をレベリングと呼ぶ。

　一方、空気と接触している水分子Aは水分子Bに比べエネルギーが余っています。空気の表面張力はゼロと見なしてよく、水分子Aは隣の水分子同士で引っ張り合いをして安定になろうとします。その時、表面積を小さくしようとするので図4-2-3に示す液滴ができます。同一体積で、表面積がもっとも小さいのは球体だからです。

❷猿団子に例えると

　この現象を猿団子（さるだんご）に例えるとわかりやすくなります。山にいる猿は寒がりゆえ、図4-2-4のようにできるだけ集まってお互いの体温で体を暖めようとします。猿の塊が団子のようになることから、猿団子と言う名前が付いたようです。外側にいると寒いため、できるだけ中の方に入ろうとして縮こまります。液体が球体を形成するのも猿団子と同様に、集結力の作用です。このように物体に作用する集結力が表面張力（以下、γ と略す）です。

図 4-2-2	水の表面張力

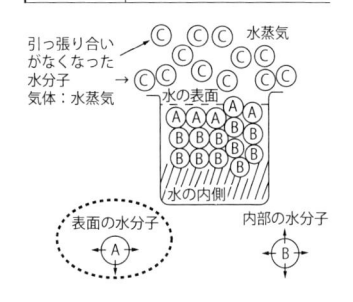

図 4-2-3	表面張力の正体とは？

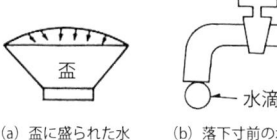

(a) 盃に盛られた水　　(b) 落下寸前の水滴　　(c) はじかれた水滴

同一体積で、表面積がもっとも小さいのは球である。よって、上図に示すように、球形の液滴を作る。

図 4-2-4	表面張力 γ とは縮もうとする力

猿は寒いから、できるだけ表面積を小さくしようとして中に潜る。この集結力が γ（表面張力）である。寒い所にいる猿団子の集結力は強い。

要点　ノート

表面張力とは雪山にいる猿が作る猿団子だと思えば理解しやすい。寒いからできるだけ縮こまって表面積を小さくしようとする。この集結力が表面張力である。

表面張力差による流動

❶猿団子理論

　物体のγは低温ほど大きいという理由も、猿団子理論で理解できます。猿団子になっている状態から、もっと寒くなったら、猿はもっと団子の中に入ろうとするため猿同士の集結力が高まります。すなわち「温度が低いとγ（表面張力）は増大する」という理論です。

　もう一点、大切なことがあります。**図4-2-5**のように猿団子が2つあって、低温側にいる団子と高温側にいる団子が引っ張り合いをしたら、どちらが強いでしょうか？勝利するのは低温側です。この引っ張り合いは、はじきや対流を理解するのに大切な考え方です。水のγと温度との関係を**表4-2-1**に示します。

❷表面張力γの差による流動

　γとは集結力で、縮もうとする力なのに、なぜここで引っ張りの話を持ち出すのかと疑問に思われるかもしれません。そこで、この誤解を解消するために水とガソリンのぬれ性の話をします。γは水＞ガソリンです。ガソリンの液面上に水滴を置くと、水滴のままですが、反対に、水面の上にガソリンの液滴を置くと、ガソリンは水面上をぬれ拡がっていきます。油は「拡がる」のではなく、γの大きい水に引っ張られて「拡げられる」のです。このようにγの大きい部分が、γの小さい部分を引っ張る流れ現象を「マランゴニ流動」と呼びます。

　次に、γのディメンションについて説明します。**図4-2-6 (a)** は、F〔N〕の力で枠の針金を引っ張って液体の膜を作り、その状態で静止していることを示しています。次に、少しの力fを加えてやると膜はs〔m〕だけ伸びた状態になり、これが図4-2-6 (b) です。このときに変わったことは、$\ell \cdot s$なる表面積〔m²〕が表と裏面で増えたことです。(a) → (b) でなされた仕事W_1は $(F+f) \cdot s$で、γに抗して表面積を増大させた仕事W_2に等しいことから、次式が成立します。

$$(F+f) \cdot s = \gamma \cdot 2\ell \cdot s \qquad (6)$$
$$\gamma = (F+f) \cdot s / (2\ell \cdot s) \qquad (7)$$

　γの単位は、式 (7) からわかるように、〔Nm〕/〔m²〕=〔J/m²〕となり、単位

表面積を増やすのに要するエネルギーを意味しています。〔J/m²〕を簡略化して、〔N/m〕なる単位で示されます。水分子のように、水素結合が作用している液体は、油や有機溶剤に比べて明らかに大きなγを有します。

図4-2-5 猿団子同士の引っ張り合い

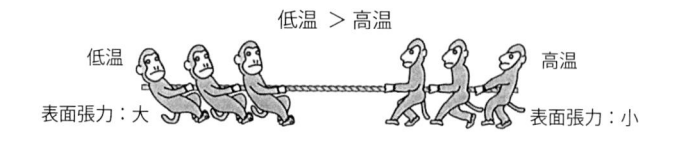

図4-2-6 γのディメンション〔N/m〕の意味すること

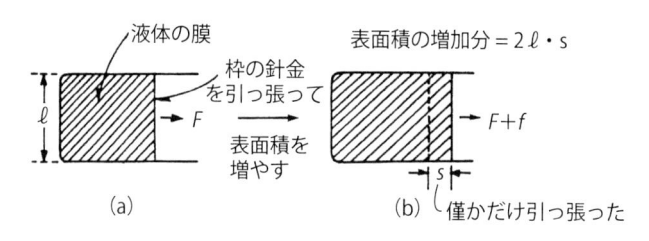

表面積が増えると、[表面エネルギーが増大]

(a) → (b) でなされた仕事W_1は、γに抗して表面積を増大させた仕事W_2に等しいことから、

$(F+f)\,s = γ \cdot 2\ell s$、よって、$γ = (F+f)\,s/2\ell s$

γの単位は、〔Nm〕/〔m²〕=〔J/m²〕=〔N/m〕

表4-2-1 水の表面張力と温度の関係

温度（℃）	$γ_水$
− 5	76.4
0	75.6
10	74.2
15	73.5
20	72.4
30	71.15
50	58.8

要点 ノート

γの異なる2液が接触する時、γの大きい液体がγの小さい液体を引っ張る流動が起きる。この原理は、はじきや対流現象を理解するのに大切である。

固体の表面張力と測定法

「金属表面は活性で表面エネルギーが高く、プラスチック材料は低エネルギー表面だ」と耳にされたことがあると思います。これは、空気と接触している固体表面のγの大きさを表現しています。液体よりも固体の方が分子同士の集結力は大きく、また、安定な結合からなるプラスチックよりも、自由電子の飛び回っている金属の方が集結力は大きいからです。有機溶剤の混合物であるシンナーよりも分子量の高い樹脂の方がγは大きいのです。

❶ぬれの平衡状態図と接触角

液体のγの測定法には、デュヌイ法（リング法）とウイルヘルミィ法（Wilhelmy法、または吊り板法）の他、液滴の大きさや重さから計測することができます。液体の塗料が乾燥・硬化して塗膜（固体）になったらどの位のγを示すのか知りたいところです。回りくどい説明になりますが、液体が、液体よりも高いγを有する固体上にぬれ拡げられる現象から、塗膜のγを測定する手法を説明します。

液体が固体表面にぬれて行き、系全体としてエネルギー的に安定になった様子を**図4-2-7**に示します。この平衡状態図から式（8）が導かれます。

$$\gamma_{SL} = \gamma_S - \gamma_L \cdot \cos\theta \qquad (8)$$

式（8）が意味することは次のことです。

(1) 接触角θはぬれやすさの程度を表し、θが小さくなるほどぬれやすい。

(2) 界面張力$\gamma_{SL} = 0$の時、$\theta = 0$となる。よって、式（8）から、固体の表面張力$\gamma_S = \gamma_L$（液体の表面張力）となるから、$\theta = 0$になる液体の表面張力γ_Lを臨界表面張力γ_cと呼び、固体の表面張力γ_Sと見なすことができる。

❷塗膜（固体）のγの求め方

著者はメラミン樹脂濃度が異なるメラミン／アルキド樹脂クリヤ焼付け塗膜（M15、M45と呼びます）の臨界表面張力γ_cを次のように求めました。

γ（mN/m）が一連に異なるぬれ指数標準液（和光純薬で市販、$\gamma = 31 \sim 54$）を使用してθを測定し、$\cos\theta$に換算した値と、液体のγとの関係を**図4-2-8**に示します。得られたデータから回帰式を求め、$\theta = 0$、すなわち$\cos\theta = 1$になる液体の表面張力γ_Lを求めると、γ_cはM15、M45でそれぞれ27.6、32.5になりまし

た。メラミン樹脂濃度（M45＞M15）が高いほど、極性が高くなります。その結果、γ_cが大きくなると考えられ、妥当な結果であると言えます。θを測定する液体には制限がなく自由に選択できます。図4-2-8のようにγ_cを求める方法がジスマン・プロット（Zisman plot）で、プラスチックや塗膜表面のγ_cを測定する1手法です。簡易的には、ぬれ指数標準液を綿棒に含ませ、固体表面に塗付し、その塗付状態を2秒間維持できる最大のぬれ指数液をγ_cとします（JISK 6768）。一般塗膜のγ_cは水のγよりも小さい疎水性表面です。

図 4-2-7 固体表面でぬれが平衡状態になっている液体

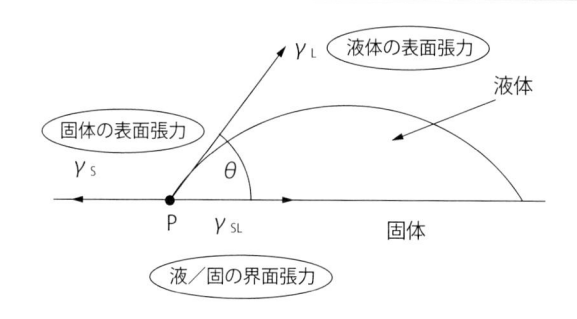

図 4-2-8 塗膜のジスマン・プロット（Zisman plot）の測定例

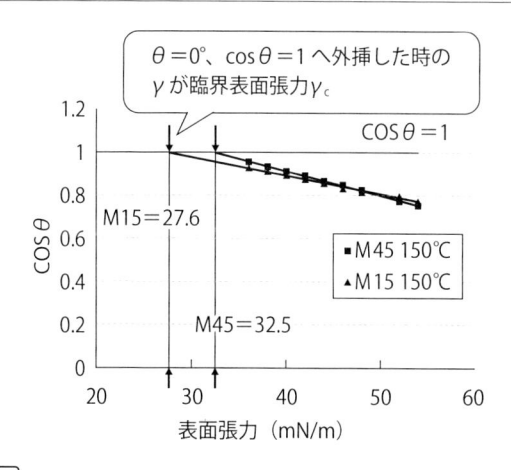

要点 ノート

ぬれの平衡状態図から、固体の表面張力は接触角θがゼロになる液体の表面張力と見なせる。この手法はジスマン・プロット（Zisman plot）法であり、塗膜の実測データを示す。

はじき現象と対流現象

❶はじきの原因例

　プラスチック面に離型剤が残っていたり、金属面の脱脂が不十分な時には、塗装後の塗面に、はじきを生じることがあります。たとえば、図4-2-9に示すように、被塗面の一部に油（$\gamma = 20$ mN/m）が付着している場合、この上に$\gamma = 35$ mN/mの塗料をスプレー塗装した時、瞬間的には図（a）のように均一にぬれ拡がりますが、平衡時には図（b）のような形態になります。γの大きい塗料が油を引っ張り、被塗面から凹部を生じたと考えてください。はじきを起こさないために、被塗面の洗浄作業や表面処理は大切です。外部からγの低い撥水剤成分が混入しても、はじきは発生します。

❷流動性と表面張力が関与する現象

　はじきを含め仕上がり面の状態をまとめて図4-2-10に示します。（c）へこみと（d）はじきの違いは、凹の発生部位が塗膜内部か、被塗物界面にまで達しているかです。（e）たれと（f）ゆず肌は塗料の粘度管理が悪い場合に発生します。厳密には塗料の粘弾性と関係し、弾性要素を付与するとレベリングが困難になり、ゆず肌になります。（g）の薄膜エッジ部はγの作用で、塗料の作る球体の一部を表しています。（h）に示す額縁現象もγの作用です。シンナーで薄めすぎた塗料を吹付けた時によく起こります。エッジ部の塗料からシンナーが速く揮発するため、γが僅かに高くなります。その結果、エッジ部が内側の塗料を引っ張り、盛り上がります。

❸対流現象

　膜厚方向で表面張力差と温度差があると、図4-2-10（b）に示される対流と呼ばれる流動を発生し、微細なセルを形成します。表面層の方がシンナーの揮発が速く、気化熱で低温になり、γと密度ρが大きくなります。各セル内で内部の塗料が表面層へ引っ張り出され、ρが大きくなるため内部へ移動します。この流動が対流です。対流が継続して起きると、塗料内部のシンナーが表面層に移動するからシンナーの揮発速度が高まり、乾燥・硬化を促進します。

　一方、水性塗料では対流が起きず、内部の水は揮発してくれません。それゆえ、塗装面に強制的に熱風を当てながら、温度拡散で水分を揮発させます。こ

の操作を「フラッシュオフ（Flash off）」と呼びます。

❹対流が原因となる欠陥

　一般にエナメルは調色して使用されるため、複数の顔料混合系からなります。異種顔料混合系のエナメルで対流が起きた時に、顔料粒子が動き、色むらや色わかれなどの色欠陥を出すことがあります。色むらとは塗装面に部分的に色の違うところができる現象で、色わかれとは膜厚方向で色調が変わる現象です。

図 4-2-9 ｜ 塗面に凹部を生じる機構

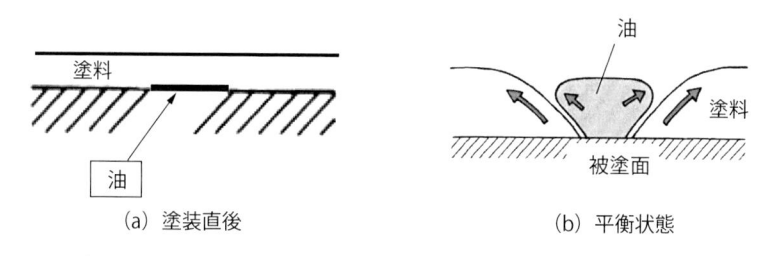

(a) 塗装直後　　　　　　　　　　(b) 平衡状態

図 4-2-10 ｜ 流動と表面張力が関与する現象例と仕上がり状態

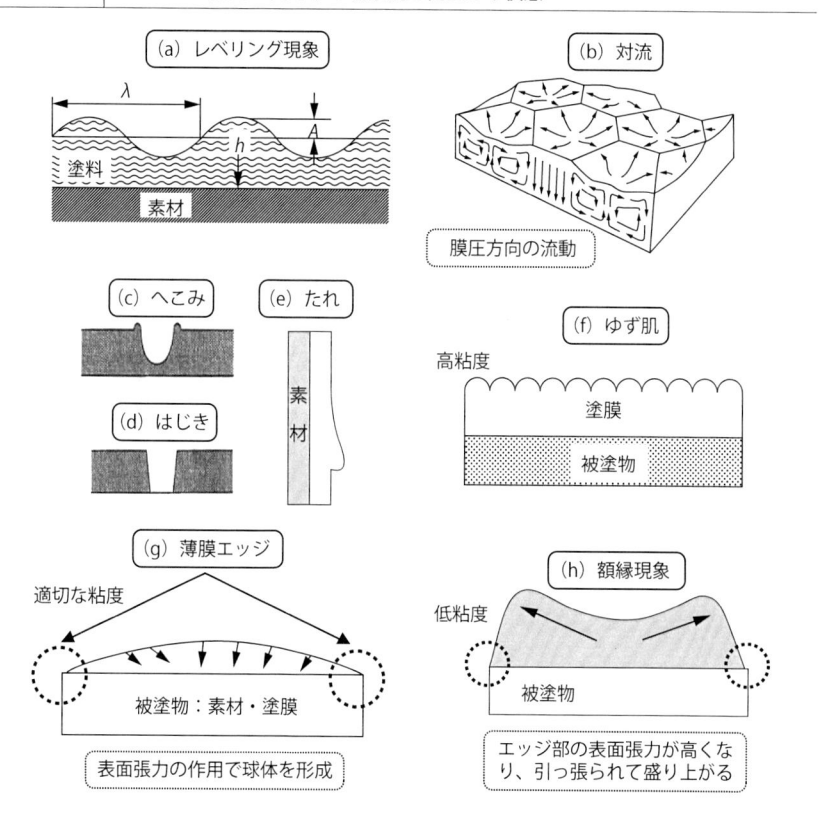

対流の発生条件

❶対流の発生条件を知る

　対流の発生条件を知るには、**図4-2-11**に示す酢酸の上に水滴を落とす場合と、食塩水を落とす場合を比較するとわかります[1]。図中に書き入れたように、水のγは酢酸のそれよりも約2.5倍大きく、密度は酢酸の方が大きくなります。実際に、水滴を落とした瞬間に激しい対流が起き、白濁しますが、数秒で透明な溶液になります。

　次に、食塩水はγが酢酸に比べて、4倍以上も大きいのですが、水滴を落としても対流らしきものは観察できず、すぐに透明な溶液になりました。酢酸－水系では、猿団子の引っ張り合いのように、

①酢酸分子は水分子に引っ張られて、水滴の周辺に沿って空気側に顔を出す。

②酢酸は水滴を包む方向に拡がり、中央に集まる頃には加速される。

③密度の大きい酢酸は毛管現象のように吸い込まれて降下する。

④この激しい流れは渦を巻くように起きるため溶液は空気を巻き込み白濁する。

⑤対流を繰り返すうちに、酢酸と水は混ざり合って、対流は止まる。

❷溶液が透明になった原因

　溶液が透明になったのは対流が止まったからです。では、なぜ酢酸－食塩水系の場合に、対流が激しく起きなかったのでしょうか。それは、両者の密度がほぼ等しいため、酢酸は空気側に来ても、下向きに作用する力が発生せずに混ざり合ってしまったためです。

　このように対流が生じるためには、表面張力差（下→上）と密度差（上→下）が必要です。

　著者は、市販の白、黒ラッカーエナメル（γとρは不明）を使用して、対流の発生を次の実験で調べましたが、その結果を次項に示します。

図 4-2-11 | 対流の発生条件を調べる実験 [1]

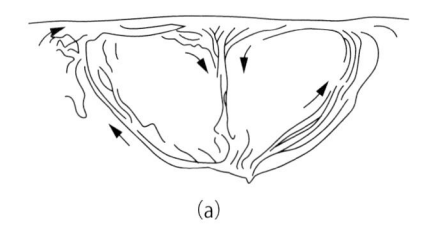

酢酸（γ 27.6）の上に水滴（γ 72.6）を落とす

激しい対流

密度 ρ 酢酸（1.05）＞水（1.0）

(a)

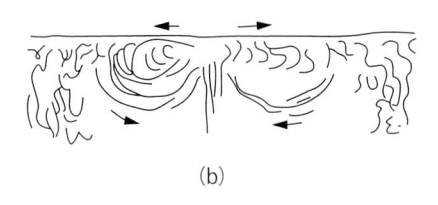

酢酸の上に食塩水（ρ 1.04）を落とす
γ 食塩水（118）＞酢酸（27.6）

ほとんど対流しない

γ の差が大きくても、密度差が小さいため

(b)

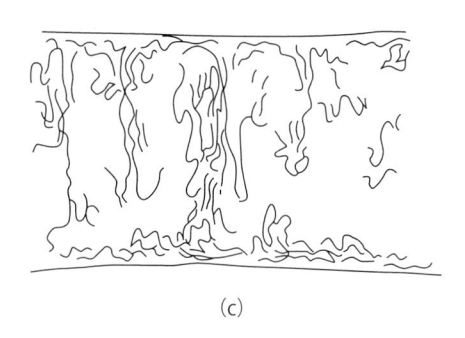

お互いに溶けあって、界面張力差が小さくなると対流は収まる

(c)

出典：井上幸彦「塗料及び高分子」誠文堂新光社（1963）

要点 ノート

対流の発生条件を知るには、酢酸の上に水滴を落とす場合と、食塩水を落とす場合を比較するとわかる。

対流の発生実験

著者は、市販の白、黒ラッカーエナメル（γとρは不明）を使用して、対流の発生を次の実験で調べました。

①下層は白エナメルであり、塗料粘度を90、910 mPa・sに調整。

②上層は黒エナメルであり、塗料粘度を20 mPa・sに調整。

③図4-2-12（a）に示すように、時計皿にそれぞれ、粘度の異なる白エナメルを流し込み、すぐに黒エナメルをϕ10程度の大きさに滴下しました。

❶結果をまとめると

①90 mPa・sの白エナメルでは対流が激しく生じ、乾燥後は図4-2-12（b）に示すような渦対流（ベナールセル）模様を生じました。一方、約10倍高粘度の白エナメルを使用すると、図4-2-12（c）に示すようにセル模様は認められませんでした。

②対流により生じた模様の経時変化は、白エナメルの上に黒エナメルが滴下されると、数分程度で渦対流セル形成を表す稜線が現れ、表面層は白い部分が圧倒的に多くなり、経時に伴い稜線が鮮明になりました。

③指触乾燥程度になると、稜線で囲まれたセル模様の大きさに変化が生じ、白エナメルの薄い層は小さなセルを、白エナメルの厚い層は大きなセルを形成。

④黒エナメルの滴下により、黒／白エナメルの界面では溶解熱が発生すると同時に、黒エナメルからの溶剤蒸発により表面層は温度が低下し、γが上昇します。γの小さい下層の白エナメルは黒エナメルに引っ張られて空気側に出現すると、溶剤蒸発により密度ρとγは僅かに大きくなります。空気側の白エナメルは下層に動くと同時に、内部の白エナメルが上層にぬれ拡がり、空気側に移動してきます。

❷結果からわかったこと

以上のように、γとρが動的に変化し、かつ流動状態を維持することで対流が継続します。下層が厚い程、流動時間が長く、大きなセルを形成します。

❸対流を防止するには

重ね塗りは層間で溶解熱が発生し、対流が発生しやすくなります。新車の塗

装ラインでは中塗りから上塗りまでの3層を重ね塗りして、1回で焼き付ける3C1B（3コート1ベーク）方式が採用されています。このような重ね塗りケースでは対流を生じさせない技術が重要です。塗装後の短時間で、塗料の流動抵抗を増大させる方法がよいでしょう。図4-2-12（c）に示すように、下塗りの粘度が高ければ対流は起きません。それでは、塗り重ね時に下塗りの流動抵抗を増大させるにはどうしたらよいでしょうか。

ビンガム流体で学んだ構造形成を実践すればよいのです。レオロジーコントロール剤の多くは、微粒子の分散系からなり、前節で示したように、連結構造を形成し、粘度を高めます。レオロジーコントロール剤の添加が有効です。

図 4-2-12 | 2種エナメルの接触による渦対流（ベナールセル）の発生実験

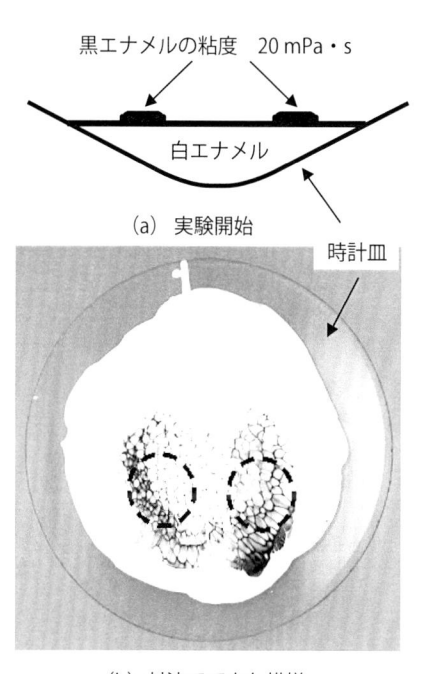

黒エナメルの粘度　20 mPa・s

白エナメル

（a）実験開始

時計皿

（b）対流でできた模様

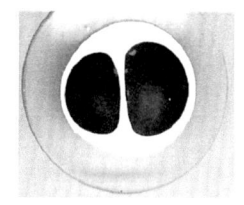

白エナメルの粘度　910 mPa・s

（c）白エナメルの粘度が高いと対流を発生しない

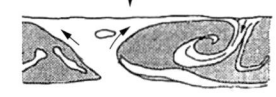

黒エナメル

初期

白エナメル

対流の活発化

表面

渦対流セル

要点 ノート

Wet on wet で重ね塗りをすると、界面には溶解熱が発生し、空気側表面層の間に温度差と γ の差を生じ、対流が発生する。これを防止するためには、ビンガム流体で学んだ構造形成を実践すればよい。

蒸発速度を支配する要因

❶単一溶剤の場合

　液体の蒸発速度を支配するのは沸点ではありません。たとえば、水の沸点はトルエンのそれより小さいですが、蒸発速度はトルエンの約1/5以下です。ただし、エステル、アルコール類のように同種類の中で比較すると、分子量と沸点は比例し、沸点の低い溶剤の方が蒸発速度は大きくなります。

　液体の蒸発速度は単位時間、単位面積当たりの蒸発重量（$mg \cdot cm^{-2} \cdot min^{-1}$）で秤量します。有機溶剤の場合には、通常25℃における酢酸n-ブチルの蒸発速度を1とした相対蒸発速度Rが用いられます。著者らは各種溶剤の（蒸気圧）×（分子量）を計算し、式（9）で示す計算相対蒸発速度Rcを求めました。文献値のRを横軸とし、Rcとの相関性を調べました。結果を**図4-3-1**に示します。

$$Rc = \frac{試料溶剤の（蒸気圧）×（分子量）}{酢酸n-ブチルの（蒸気圧）×（分子量）} \qquad (9)$$

　図中に○で囲んだ酢酸メチル、アセトン、メチルアルコールの3つを除けば計算値Rcは文献値Rとよく相関していることがわかります。この結果から、液体の蒸気圧と分子量がわかれば、蒸発速度を推定できそうです。

❷混合溶剤の蒸発速度

　塗料に使用するシンナーは有機溶剤の混合物です。混合溶剤の蒸発速度については、アルコール含有の有無で**図4-3-2**で示されます。次のようにまとめられます。

(1) アルコールを含まない混合溶剤の蒸発速度は一般にRaoult（ラウール）の法則に従います。トルエン/n-酢酸ブチル＝50/50からの蒸発量－時間の関係を調べた結果は、図4-3-2（a）で示されるように計算値と一致しています。

(2) アルコールを含む混合溶剤の蒸発速度はRaoultの法則に従わず、単独溶剤の蒸発速度よりも大きくなります。図4-3-2（b）に、トルエン/イソプロピルアルコール（IPA）＝50/50からの蒸発量－時間関係の結果を示します。アルコールは水素結合により会合するため、単独では、蒸発速度がトルエンよりも小さいが、トルエンと混合することにより、会合状態が崩れ、混

合溶剤の蒸発速度が大きくなると考えられます。混合溶剤の蒸発設計に活用してください。

図 4-3-1 溶剤の蒸発速度の支配要因

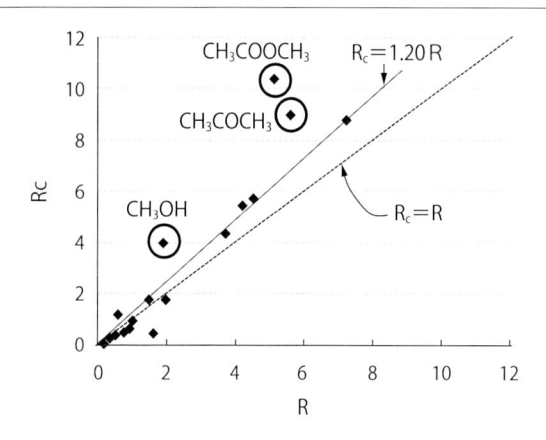

図 4-3-2 トルエン単独と混合溶剤の蒸発速度

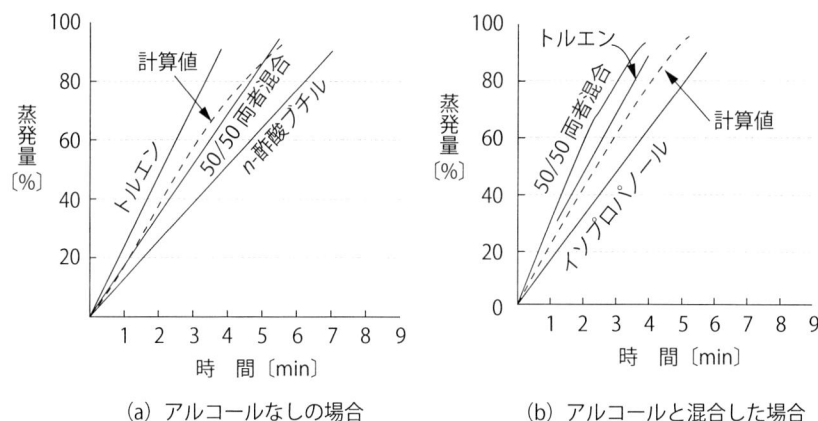

(a) アルコールなしの場合 　　(b) アルコールと混合した場合

要点 ノート

単独溶剤の蒸発速度の大きさは（蒸気圧）×（分子量）で近似できる。一方、混合溶剤の蒸発速度は水素結合性溶剤の影響を受ける。

溶剤蒸発に起因する欠陥例

　良い塗装をするためには欠陥を未然に防ぐことが大切です。ここでは、「かぶり」と呼ばれる白化現象（**図4-3-3**参照）を取り上げます。

❶現象

　梅雨時（高温多湿）に塗装すると、かすみがかかったように白くぼけてつやが無くなることがあります。ラッカーのような速乾性塗料で多く見られる結露現象です。

❷原因

　塗装時に発生する結露が原因であり、その様子を**図4-3-4**に示します。

(1) 溶剤は気化熱を奪うため塗装面は冷やされます。その結果、塗装面近くの水蒸気が水となり、水滴が塗装面に付着します。

(2) 水滴の表面張力は大きいので、水滴上に塗料がぬれ拡がっていきます。

(3) (1) と同様に、塗装面に水滴が付着します。このようにして何層も水滴が塗膜中に取り込まれます。

(4) 乾燥過程で水滴が蒸発し、水滴の一部は空気層になります。塗膜と水と空気の屈折率（それぞれ約1.5、1.3、1.0）の違いによって光が散乱し、白く見えます。

(5) 水が蒸発すると、何層にも累積されていた水の跡が明瞭に認められました。顕微鏡観察では網目状の複層塗膜のように見えますが、触ると崩れる脆い塗膜でした。

❸再現実験

　鋼板を片手で持ち、スプレー塗装すると指が接触している箇所は白化せず、他の箇所は白化しました。指の接触により、溶剤揮発による温度低下が抑制され、結露を防止できました。

❹対策

(1) 溶剤の蒸発を遅くすることによって防止できるので、リターダーシンナーを添加します。

(2) 塗装している場所を局部的に暖め、結露を防ぎます。

❺注意点

　かぶりが発生した白化塗膜にシンナーを塗付すると、白化が消えて修復したように見えますが、塗膜は明らかに脆くなっており、耐水性が悪くなっていました。おそらく、水揮発後の網目形態が残存しているのでしょう。

図 4-3-3 かぶりと呼ばれる白化現象の発生機構

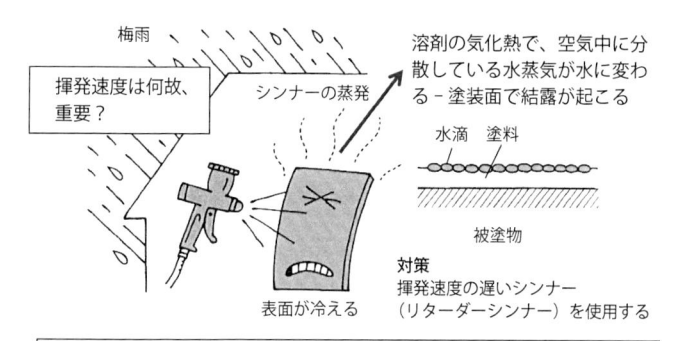

揮発速度は何故、重要？

梅雨

シンナーの蒸発

溶剤の気化熱で、空気中に分散している水蒸気が水に変わる – 塗装面で結露が起こる

水滴　塗料

被塗物

表面が冷える

対策
揮発速度の遅いシンナー（リターダーシンナー）を使用する

屈折率の異なる２つの物質があると、光が拡散反射し、白く見える

図 4-3-4 スプレー塗装時の結露現象

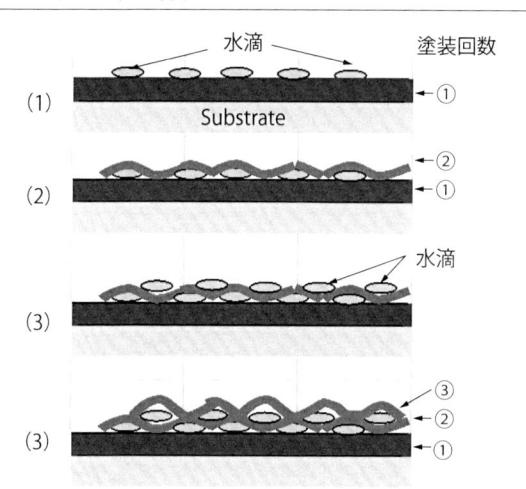

水滴　　　　　　　塗装回数

(1)　Substrate　①

(2)　②　①

(3)　水滴

(3)　③　②　①

要点 ノート

白化した塗膜はシンナー塗付で修復したように見えるが、塗膜物性は明らかに低下している。塗装作業でかぶりを発生させてはいけない。

くっつく力の発生

冷凍室で−30℃くらいによく冷やした氷を指でさわると、指先にくっついてきます。指が水でぬれていると、もっとよくくっつきます。試してみてください（21ページの図1-2-6参照）。

❶くっつく現象と付着性

原子を結び付ける化学結合力とは別に、分子同士に作用する力があり、これを「分子間力」と呼んでいます。同じ水分子でも分子間力が強く作用していれば氷（固体）として挙動し、分子間力が弱まるにつれて水（液体）、水蒸気（気体）へと変化していきます。水分子同士がしっかりくっついて氷となっているように、同種の分子同士が引き合う力を「凝集力」と呼びます。一方、図4-4-1に示すように、きれいに洗浄した2枚のガラス板を水でぴったり貼り合わせると、なかなかはがせません。これは、水とガラスとの異種分子間に引き合う力が作用しているためであり、このくっつく力を塗料の分野では「付着力」、塗料が被塗物にくっつく現象や作用のことを「付着性」と呼びます。

❷分子間力の発生機構

次に、同種あるいは異種分子同士が引き合う力は、どのように発生するのかを考えてみましょう。どんな物質でも原子でできているため電気の「もと」である＋、−電荷をもっています。普通の状態では電気的に中性（荷電量ゼロ）ですが、何らかの原因で物質が電子を放出したり、受け取ったりすると電荷のバランスがくずれ、その物質全体として正または負に帯電します。たとえば、図4-4-2に示すように下じきで髪の毛をこすると、下じきは−に、髪の毛は＋に帯電します。磁石のN、S極と同様に、−、＋電荷は強く引き合い、下じきを持ち上げると髪の毛はいっせいにくっついてきます。また、この帯電した下じきを紙きれに近づけていくと、電気的に中性であった紙きれは帯電し、いくつかつながって下じきにくっつきます。それは、異種分子間の−と＋電荷がお互いに中性になろうとして引き合うからです。このように分子中のある部分に電荷のかたよりがあると必ずくっつく現象が現れます。電荷のかたよりによるくっつく力には、ファン・デル・ワールス力と水素結合力とがあります。両者の分子間力の大きさは、水素結合力の方が明らかに大きいのですが、付着力の

本命はファン・デル・ワールス力なのです。この力はかなり遠くまで作用すること、加成値であるから、樹脂の分子量が増大するほど大きくなります。

図 4-4-1 ｜ 分子間に働く引力

しずくの水分子は
お互いに引っ張り
合っている

水蒸気の水分子は
自由に動き回る

水がガラス板を
くっつける

図 4-4-2 ｜ くっつく力の発生例

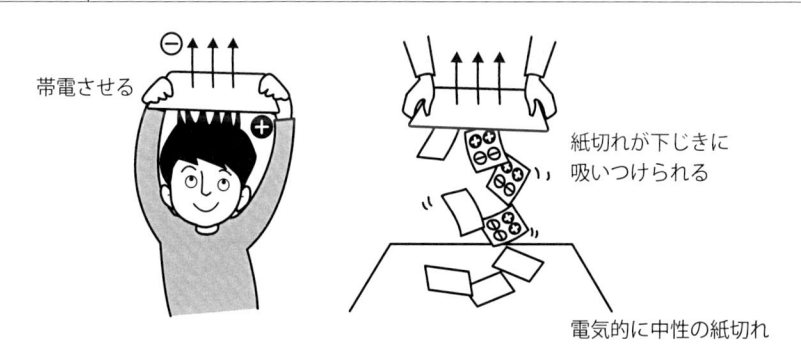

帯電させる

紙切れが下じきに
吸いつけられる

電気的に中性の紙切れ

要点｜ノート

指先と接した氷の表面は一瞬融解して水（液体）になるが、周りの氷がこの水を凍らせて氷（固体）にする。これが塗料のくっつく原理で、この時の指先が被塗物の表面状態である。

付着性とはがれる原因

付着性には**図4-4-3**に示す2つの考え方があります。"似たもの同士はよくくっつく"という図4-4-3（a）の拡散説と、"吸着するからくっつく"という同（b）の吸着説です。

❶拡散説

拡散説は層間付着性やプラスチックに対する付着性に有効な理論（考え方）です。塗料用樹脂と被塗物の樹脂との相性が良いか悪いかによってファン・デル・ワールス力の作用する範囲が異なり、付着力に影響を与えます。相性は相容性の良いものほど良好で、溶解性パラメーター（δと略す）を基準にします。"似たもの同士はδが近いよ"と思ってください。

❷吸着説

一方、吸着説は金属に対する付着性に有効な理論（考え方）です。金属表面の不純物や酸化膜を除去し、付着活性点を増大させると同時に、塗料樹脂には極性基（電荷が偏る官能基）を導入すると、付着性は向上します。

❸はがれる原因

故井上幸彦先生は著書「塗料及び高分子」（1963年、誠文堂新光社発行）の中で、次なる名言を述べられました。

"付着とは水との闘いであり、付着の保持は内部応力との争いである"

塗膜になってからは水分や水蒸気が塗膜を透過して、下塗り／被塗物界面に到達すると、今度は侵入してきた水が界面にある物質を溶かしたりして、付着活性点を失活させます。付着力が弱いと容易に付着界面に水が侵入します。

もう1つの付着力を阻害する要因は内部応力です。収縮ひずみとヤング率の積が式（10）に示す収縮応力（内部応力）になります。

内部応力＝（塗膜のヤング率）×（収縮ひずみ）　　　　　　　　　　（10）

収縮ひずみ＝（塗膜と被塗物の線膨張係数の差）×（温度差）　　　　（11）

ここで、収縮ひずみの発生について考えてみます。塗膜は経時で可塑剤のような低分子量成分が劣化・分解して体積を減じます。収縮した体積分率の1/3が膜面方向における線収縮ひずみになります。さらに、塗膜と被塗物の線膨張係数の差に起因して、式（11）で示される線収縮ひずみも加わります。塗装し

たPETシートが硬化後に、**図4-4-4**に示すようにPETシートを外側にして湾曲してきました。塗膜に収縮力が発生したためです。

被塗物がPETのように変形してもしなくても、塗膜内部には引張り力が残留し、付着性を阻害します。内部応力が小さいうちは何ら問題ありませんが、だんだんと大きくなるに従って、付着状態の塗膜が割れたり、はがれたりします。名言にある付着の保持とは、初期の内部応力を小さくし、増大させないようにすることです。そのためには、塗膜に応力緩和機能を持たせたり、熱膨張係数を低下させる塗料設計が大切になります。

図4-4-3 付着性理論

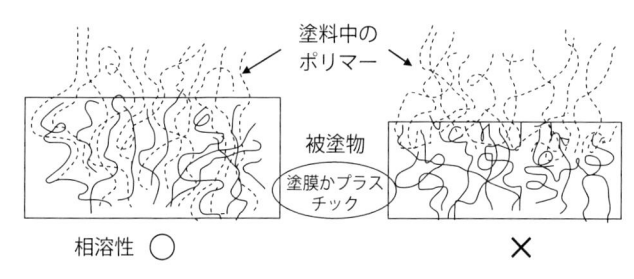

(a) 拡散説：似たもの同士はよくくっつく

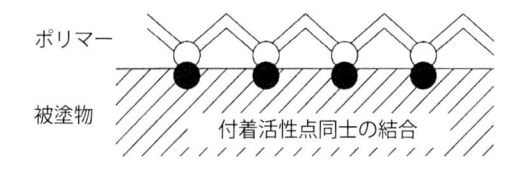

(b) 吸着説：吸着するからくっつく

図4-4-4 塗膜の内部応力による PET の変形

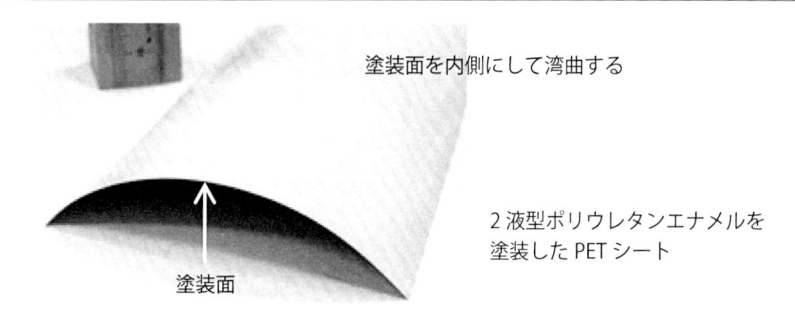

塗装面を内側にして湾曲する

2液型ポリウレタンエナメルを
塗装した PET シート

塗装面

塗装系の経験則と付着性

第2章でも述べましたが、塗装系の経験則として「下に塗るものほど顔料（固体粒子）を多くしなさい」と言われています。橋梁やプラント設備などの鋼構造物は、東京タワーと同様に定期的に塗り替えて、保守・管理をしようという流れになっています。この時に心配なのは、塗膜の厚みの増加に伴い、内部応力が増加し、はがれてしまうのではないかということです。

膜厚の増加による内部応力の増大の原因として、前項の式（11）で示した被塗物と塗膜との熱膨張係数（aと略）の差に起因する収縮ひずみの増大が考えられます。最近の研究では、塗替え用にaの小さい塗料を使用すると、厚膜になっても、塗膜の付着性は低下しないという結果が報告されています。a値について、若干、データを示しておきます。

鉄鋼の$a = 11 \times 10^{-6}$〔/℃〕に対して、クリヤ塗膜のaは約10倍という高い値を示します。顔料が充てんされると樹脂分が減りますから、クリヤの半分以下になります。特に膜面方向に配向するタルクやガラスフレークのような板状粒子を充てんするとaはもっと低下します。塗料設計でもうひとつ注目することは塗膜のTgです。aの差に起因する内部応力は「熱応力」と呼ばれます。塗膜のTg以上で発生した熱応力は塗膜に残留しませんが、Tg以下で発生したひずみは内部応力になります。それではTgを低下させたらどうだと言われますが、Tgの低い塗膜は耐水性や酸素透過性が低下するため耐候性が低くなります。Tgを従来の塗膜と同等にして、aを下げる塗料設計が大切です。

東京タワーは5年に1回、建設時と同じ塗料で塗替えられます。下塗りのプライマーから上塗りまで長油性アルキド樹脂エナメルが使用され、健全部にも重ね塗りされています。塗替えとして1回分の塗装系の膜厚は約80 μmで、建設後60年以上経過していますから、合計膜厚は約1 mmに達していると思います。しかし、不具合は出ていません。この塗料は硬化反応が遅い反面、Tgの上昇も緩やかで、内部応力が緩和されやすい特徴があり、塗装系の経験則とも合致しています。下塗り塗膜は顔料分が多く（第1章 表1-2-1参照）、aの小さいことが塗装系全体の内部応力を抑制していると考えられます。塗装は実績が大切です。良い実績は経験則として、伝授されていくでしょう。

【引用・参考文献】

・J.Glazer「J.Polymer Sci.」(1954)

・井上幸彦「塗料及び高分子」誠光堂新光社 (1963)

・上池 斉「塗装技術」vol.20、2、p.76 (1981)

・井本立也「接着のはなし」日刊工業新聞社 (1984)

・仲澤眞人「新日鉄技報」第353号 (1994)

・谷山 明、薄木智亮「表面化学」(1995)

・中道敏彦「塗料の流動と塗膜形成」技報堂出版 (1995)

・中道敏彦、坪田実「トコトンやさしい塗料の本」日刊工業新聞社 (2008)

・職業能力開発総合大学校編「塗料」雇用問題研究会 (2007)

・職業能力開発総合大学校編「木工塗装法」職業訓練教材研究会 (2008)

・坪田 実「塗装の実務入門Q&A」日刊工業新聞社 (2010)

・慶伊道夫、堀長生、奥田章子「防錆管理」Vol.54, No.2, p.49 (2010)

・坪田 実「ココからはじめる塗装」日刊工業新聞社 (2010)

・坪田 実「目で見てわかる塗装作業」日刊工業新聞社 (2011)

・坪田 実「J.Jpn.Soc.Colour Mater (色材)」(2012)

・大澤 悟「建材試験センター　建材試験情報5月号」(2014)

・坪田 実「塗料と塗装のトラブル対策」日刊工業新聞社 (2015)

・坪田 実「 塗料と塗装の基本と実際」秀和システム (2016)

・桑田 透「第58回塗料入門講座テキスト」色材協会、p59-60 (2017)

・建設業労働災害防止協会パンフ

【 索引 】

著者略歴

坪田　実 （つぼた・みのる）

1949 年　富山県生まれ
1972 年　職業訓練大学校卒業
1974 年　山形大学大学院工学研究科高分子化学専攻修了
1975 年　職業訓練大学校助手
1985 年　工学博士（東京大学）
1987 年　職業訓練大学校助教授
2015 年　職業能力開発総合大学校准教授退任
2016 年　川上塗料株式會社 社外取締役
2021 年　川上塗料株式會社 社外取締役退任

専門分野：塗料物性、塗装技術と技能

1982 年度色材協会論文賞、2006、2020 年度塗装技術協会論文賞を受賞。
2005 ～ 2006 年度 技能五輪国内大会「車体塗装」競技主査。

主な著書
「図解入門 よくわかる最新 塗料と塗装の基本と実際」秀和システム（2016）
「塗料・塗装のトラブル対策 - 現場で起きた欠陥事例と対処法 -」日刊工業新聞社（2015）
「目で見てわかる塗装作業 -Visual Books-」日刊工業新聞社（2011）
「ココからはじめる塗装」日刊工業新聞社（2010）
「現場の疑問を解決する 塗装の実務入門 Q&A」日刊工業新聞社（2010）
「コーティング用添加剤開発の新展開（監修、共著）」シーエムシー出版（2009）
「トコトンやさしい塗料の本（共著）」日刊工業新聞社（2008）
など多数

NDC 576.8

わかる！使える！工業塗装入門
〈基礎知識〉〈段取り〉〈実作業〉

2019 年 5 月 25 日　初版 1 刷発行
2024 年 6 月 21 日　初版 4 刷発行　　　　　　　定価はカバーに表示してあります。

©著　者　　　坪田　実
　発行者　　　井水 治博
　発行所　　　日刊工業新聞社　〒103-8548 東京都中央区日本橋小網町14番1号
　　　　　　　書籍編集部　　　電話 03-5644-7490
　　　　　　　販売・管理部　　電話 03-5644-7403　FAX 03-5644-7400
　　　　　　　URL　　　　　　 https://pub.nikkan.co.jp/
　　　　　　　e-mail　　　　　info_shuppan@nikkan.tech
　　　　　　　振替口座　　　　00190-2-186076

企画・編集　　エム編集事務所
印刷・製本　　新日本印刷㈱（POD3）